简明建筑工程预概算手册

潘旺林　徐　峰　主编

上海科学技术出版社

图书在版编目(CIP)数据

简明建筑工程预概算手册 / 潘旺林,徐峰主编. —上
海:上海科学技术出版社,2015.1
　　ISBN 978 - 7 - 5478 - 2397 - 2

　　Ⅰ.①简…　Ⅱ.①潘…②徐…　Ⅲ.①建筑预算定
额-手册②建筑工程-建筑概算定额-手册
Ⅳ.①TU723.3 - 62

中国版本图书馆 CIP 数据核字(2014)第 231329 号

简明建筑工程预概算手册
潘旺林　徐　峰　主编

上海世纪出版股份有限公司
上海科学技术出版社　出版
(上海钦州南路71号　邮政编码200235)
上海世纪出版股份有限公司发行中心发行
200001　上海福建中路193号　www.ewen.co
常熟市兴达印刷有限公司印刷
开本 889×1194　1/32　印张:8.75
字数:210千字
2015年1月第1版　2015年1月第1次印刷
ISBN 978 - 7 - 5478 - 2397 - 2/TU·197
定价:29.00元

本书如有缺页、错装或坏损等严重质量问题,
请向工厂联系调换

内容提要

本手册是作者在多年建筑工程预概算工作经验和教学实践的基础上编写而成的,主要内容包括建筑工程预概算基础知识、建筑工程造价基础理论、建筑工程计量、建筑工程计价及建筑工程预算软件应用五大部分。

本手册简明扼要、通俗易懂,是适宜初学建筑工程预算者自学速成的难得教材,也是预算人员速编预算的极佳工具书。

编委会名单

主　编　潘旺林　徐　峰

副主编　汪　宁　连　昺

编　写　夏红民　戴胡斌　汪倩倩

　　　　潘珊珊　杨小军　张　晨

　　　　徐　淼　刘兴武

前　言
Preface

　　长期以来，建筑业都是我国的支柱产业之一，为了满足我国加入 WTO 后与国际接轨、融入世界大市场的要求，我国对造价管理实行了"国家宏观控制，由市场竞争形成价格"的管理政策。最近开始实施的《建设工量工程量清单计价规范》(GB 50500—2013)，讲述了建筑与装饰工程清单计价的依据、原理和投标报价的方法及规范，使我国造价发生了革命性的变化。

　　为了满足建筑工程建设领域的各类造价管理人员进行自学与岗位培训，作者根据多年建筑工程预算丰富的工作经验和教学实践，归纳总结了《简明建筑工程预概算手册》一书。主要内容包括建筑工程预概算基础知识、建筑工程造价基础理论、建筑工程计量、建筑工程计价及建筑工程预算软件应用五大部分。本手册与市场上已出版的同类书相比，内容丰富、简明扼要、通俗易懂、特色鲜明，尤其是提供了预算技巧、经验和资料，并列举了多个算例供参照学习。本手册是适宜初学工程预算者自学速成的难得教材，也是预算人员速编预算的极佳工具书。手册中列举的看图实例和施工图，均选自各设计单位的施工图及国家标准图集。在此对有关设计人员致以诚挚的感谢。为了适合读者阅读，作者对部分施工图做了一些修改。

　　本手册在编写过程中参考了大量的图书出版物和企业培训资料，在此向上述作者和有关企业表示衷心的感谢和崇高的敬意！

　　限于编制水平，书中难免有错误和不当之处，恳请读者不吝指正。

编　者

目 录
Contents

第一章

建筑工程预概算基础知识

第一节 建筑工程造价编制基础知识

一、常用构件缩写代号(表1-1)

表1-1 常用构件缩写代号

名称	代号	名称	代号
板	B	梁	L
槽形板	CB	吊车梁	DL
吊车安全走道板	DB	过梁	GL
盖板或沟盖板	GB	基础梁	JL
空心板	KB	连系梁	LL
密肋板	MB	阳台	YT
基础	J	钢筋骨架	G
天窗架	CJ	墙板	QB
钢架	GJ	楼梯板	TB
框架	KJ	天沟板	TGB
设备基础	SJ	屋面板	WB
托架	TJ	檐口板	YB
屋架	WJ	折板	ZB
支架	ZJ	圈梁	QL

（续表）

名称	代号	名称	代号
楼梯梁	TL	柱	Z
屋面梁	WL	桩	ZH
梁垫	LD	梯	T
檩条	LT	天窗端壁	TD
垂直支撑	CC	雨篷	YP
水平支撑	SC	预埋件	M
柱间支撑	ZC	钢筋网	W

二、公称直径系列对照(表1-2)

表1-2　公称直径系列对照

公称直径 (mm)	相应管螺纹 (in)	相应无缝钢管 (外径×壁厚) (mm×mm)	公称直径 (mm)	相应管螺纹 (in)	相应无缝钢管 (外径×壁厚) (mm×mm)
1	3/8	18×2.5	125	5	133×4.5
15	1/2	22×3	150	6	159×4.5
20	3/4	25×3	200		219×6
25	1	32×3.5	250		273×8
32	1,1/4	38×3.5	300		325×8
40	1,1/2	45×3.5	350		377×9
50	2	57×3.5	400		426×9
70	2,1/2	76×4	450		480×10
80	3	89×4	500		530×10
100	4	108×4	600		630×10

注：1 in = 2.54 cm。

三、国家标准规范

1. 标准的分类和代号

（1）标准的分类和表示方法

标准是对为取得全局的最佳效果,依靠科学技术和实践经验的综合成果,在充分协商的基础上,对经济技术和管理等活动具有多样性相关特征的重要事物和概念,以特定的程序和形式颁发的统一规定。标准按性质可分为技术标准和管理标准;按行业可分为冶金、建筑、建材、化工等标准;按标准的实施可分为强制标准、推荐性标准或正式标准、试行标准;按等级可分为国家标准、行业标准、地方标准和企业标准。它是组织专业化生产的技术基础、提高产品质量和工作效率的有效手段、推广新技术的有效途径,是现代科学管理的重要组成部分。

标准的表示方法:$\underset{①}{\underline{\times\times\times}}$　$\underset{②}{\underline{\times\times\times\times}}$　$\underset{③}{\underline{\times\times}}$。

① 标准代号:强制性国家标准代号为"GB"("国标"两字汉语拼音的第一个字母)。强制性行业标准代号为某行业两字汉语拼音的第一个字母(建筑行业、建材行业)。强制性国家标准是保障人体健康,人身、财产安全的标准和法律及行政法规规定强制执行的国家标准。推荐性标准在国家标准和行业标准代号后加"/T"("推"字汉语拼音的第一个字母)。工程建设技术标准在国家标准和行业标准代号后加"J"("建"字汉语拼音的第一个字母)。标准代号一般为两个或三个汉语拼音字母。

② 编号:标准颁布时的顺序号。标准修订时,标准代号和编号不变,只改编制、修订年代号。

③ 编制、修订年代:表示标准制定的年份,一般为四位数,在不引起误解的情况下,可只标注最后两位数。国家标准的年限一般为 5 年,过了年限后,国家标准就要被修订或重新制定。

(2) 国家标准和行业标准代号

① 国家标准代号:GB——强制性国家标准代号。GB/T——推荐性国家标准代号。

② 行业标准代号。

(3) 地方标准和企业标准

① 地方标准是指对没有国家标准和行业标准而又需要在省、自治区、直辖市范围内统一工业产品的安全、卫生要求所制定的标准。地方标准在本行政区域内适用,不得与国家标准和行业标准

相抵触。国家标准、行业标准公布实施后，相应的地方标准即行废止。尚无国家标准、行业标准、地方标准，由企业制定的产品标准，或由企业制定的严于国家标准、行业标准、地方标准并作为企业组织生产依据的产品标准。一般应从本企业的生产技术水平、用户的使用需求和实施该标准的经济性三方面考虑。企业标准的制定应以国家法律法规为依据，结合企业及市场的实际情况，定出合法、合理的技术指标。地方标准和企业标准书写方法同行业标准，一般应有顺序号和年代号。

企业标准代号的排列顺序，执行国家技术监督局《地方标准管理办法》《企业标准化管理办法》的有关规定。企业标准号中的企业代号，推荐使用汉语拼音字母，一般规定以 Q（企）字为分子，分母使用企业标准的汉语拼音的首个字母，由地方科委规定，即用"Q××"表示，由区、县质量技术监督局受理备案的企业标准，在其企业标准代号（Q）的右下角增加本区、县汉字字头。

② 地区性企业标准代号。

③ 采用国际标准的地方标准和企业标准。在采用国际标准的地方标准和企业标准中，应说明采用国际标准的程度，并写明被采用国外先进标准的代号、编号、年份和名称。采用程度根据标准之间技术内容和编写方法差异的大小分为等同采用、等效采用和参照采用三种。等同采用是指技术内容完全相同，不做或稍做编辑性修改；等效采用是指技术内容只有小的差异，编写上不完全相同；参照采用是指技术内容根据我国和本市实际情况做了变动，但性能和质量水平与被采用的国际标准相当；采用国际标准的程度仅表示标准之间的相互关系，而不表示技术水平的高低。等同程度见表1-3。

表 1-3　等同程度

等同程度	图示符号	缩写字母代号
等同	$\equiv$	idt 或 IDT
等效	$=$	eqv 或 EQV
非等效	$\neq$	ref 或 REF

2. 建筑标准图集

为满足工程建设的需要,在设计和施工中大量使用标准图,其有两种类型。

一种是整栋建筑物的标准设计(定型设计);另一种是建筑构件和建筑配件的标准图。后者按其使用范围划分为全国通用构配件图集(国际)、地方通用构配件图集(省标)、设计单位编制的构配件图集(院标)。标准图集一般按照专业划分为建筑、结构、给排水、供暖通风、动力、电气、弱电等专业。建筑专业一般划分为墙体、屋面、地面、楼梯及梯子栏杆行、隔断、门及附件、窗及附件、单元及家具、总图等标准图集;结构专业一般划分为钢筋混凝土结构、预应力钢筋混凝土结构、钢结构、砖石结构等标准图集。

结构标准图集一般用“G”或“结”表示,建筑标准图集一般用“J”或“建”表示。

第二节　建筑工程施工图识读基础知识

一、基本概念

1. 图的基本概念

图是用图的形式来表示信息的一种技术文件。工程设计部门用图来表达设计师(员)对拟建项目的构思;生产部门用图指导加工与制造;施工部门用图编制施工作业计划、准备机具材料、组织施工;工程造价人员用图编制工程量清单或工程预算,确定造价;使用部门用图指导使用、维护和管理。因此,每一位工程技术人员和管理人员,学会工程图的绘制和识读,对于提高设计、制造、施工、管理水平,具有重要的技术和经济意义。

2. 图形的基本概念

图形,即图的形状或形象。采用一定的图形图例、符号、代号和粗细、虚实不同的线型以及数字、文字说明等绘画出空间物体形状的图样称为图形。工程图样,尽管它是按照一定的比例缩小了若干倍,但它的外形还是很精确的。凡能够供工程施工用的图样,是按照制图学中一种叫作"正投影"的原理来绘画的。

3. 施工图的基本概念

建筑设计人员按照国家有关的方针政策、法规和标准规范,结合有关资料(如建设地点的水文、地质、气象、资源、交通运输条件等)以及建设项目委托人提出的具体要求,在经过批准的初步(或扩大初步)设计的基础上,运用制图学原理,采用国家统一规定的图例、符号、线型、数字、文字来表示拟建建筑物或构筑物以及建筑设备各部位之间的空间关系及其实际形状尺寸的图样,并用于拟建项目的施工建造和编制工程量清单计价或定额计价的一整套图纸,称为建筑工程施工图。建筑工程施工图一般需用的份数较多,因而需要复制。由于复制出来的图纸多为蓝色,所以习惯上又把建筑工程施工图称为蓝图。

二、建筑工程施工图的分类

建筑工程施工图按照不同的分类方法,可分为如图 1-1 所示的几类。

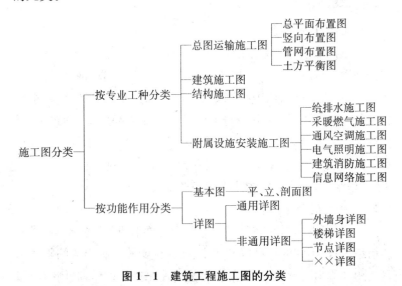

图 1-1 建筑工程施工图的分类

三、建筑工程施工图的一般规定

施工图是建筑及建筑物附属设施安装工程的语言。在工业与民用建设工程中都离不开图纸,设计部门绘制图纸,施工部门按照图纸进行施工,所以建筑工程师(员),绘制施工图时,必须按照国家规定的格式和要求绘制,不得各行其是。否则,建筑安装工人就无法按照它进行施工,造价师(员)也无法按照它进行造价核算和控制等。

1. 图面的组成及幅面尺寸

完整的图面由边框线、图框线、标题栏、会签栏等组成。由边框线所围成的图面,称为图纸的幅面。

图纸幅面共分五类:A0~A4(表1-4)。其中尺寸代号的意义如图1-2所示,图纸的短边一般不得加长,长边可以加长,加长后图纸幅面尺寸见表1-5。

表1-4 图纸幅面及图框尺寸 (mm)

尺寸代号 \ 幅面代号	A0	A1	A2	A3	A4
$b \times l$	841×1 189	594×841	420×594	297×420	210×297
c	10			5	
a	25				

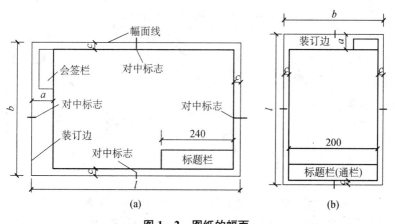

图1-2 图纸的幅面

(a)A0~A3横式幅面;(b)A4立式幅面

表 1-5　图纸长边加长尺寸　　　　　（mm）

幅面尺寸	长边尺寸	长边加长后尺寸
A0	1 189	1 486, 1 635, 1 783, 1 932, 2 080, 2 230, 2 378
A1	841	1 051, 1 261, 1 471, 1 682, 1 892, 2 102
A2	594	743, 891, 1 041, 1 189, 1 338, 1 486, 1 635, 1 783, 1 932, 2 080
A3	420	630, 841, 1 051, 1 261, 1 471, 1 682, 1 892

注：有特殊需要的图纸，可采用 $b \times l$ 为 841 mm×891 mm 与 1 189 mm×1 261 mm 的幅面。

2. 标题栏与会签栏

标题栏又称图标或图签栏，是用以标注图纸名称、工程名称、项目名称、图号、张次、设计阶段、更改和有关人员签署等内容的栏目。标题栏的方位一般是在图纸的下方或右下方，但其尺寸大小必须符合 GB/T 50001—2010《房屋建筑制图统一标准》的规定。标题栏中的文字方向应为看图方向，即图中的说明、符号均应以标题栏的文字方向为准。《房屋建筑制图统一标准》规定的标题栏规格为 240 mm×30(40) mm 和 200 mm×30(40) mm，但实际使用中，各设计单位一般都结合各自的特点做了变通。某设计单位的图纸标题栏见表 1-6。

表 1-6　某设计单位图纸标题栏格式

××工业部第××设计院				××市磁性材料厂		年　西安
职责	签字	日期		设计项目		2号住宅楼
制图				设计阶段		施工图
设计						
校核						
审核						
审定				比例	第　张	共　张

会签栏是指供各有关工种专业人员对某一专业（如建筑或结构专业）所设计施工图的布置等方面涉及本专业（如给排水、暖通、

电气等)设计时的相关问题(如位置、标高、走向等)而进行会审时签名使用的栏目。会签栏的位置一般设在图面的左上方或左下方,其规格为 100 mm×20 mm。某设计单位的会签栏格式见表 1-7。

表 1-7 某设计单位图纸会签栏格式

职责	签字	日期	会签	专业	总图	建筑	结构	电气	……
描图				姓名					
校描				日期					

3. 图线

设计人员绘图所采用的各种线条称为图线。为了使图面整洁、清晰、主次分明,建筑工程施工图常用图线有 6 种类型 14 个规格(表 1-8)。

表 1-8 常用图线规格

名称		线型	线宽	一般用途
实线	粗	———————	b	主要可见轮廓线
	中	———————	$0.5b$	可见轮廓线
	细	———————	$0.25b$	可见轮廓线、图例线
虚线	粗	— — — —	b	见各有关专业制图标准
	中	- - - - -	$0.5b$	不可见轮廓线
	细	- - - - - -	$0.25b$	不可见轮廓线、图例线
单点长画线	粗	—— · —— ·	b	见各有关专业制图标准
	中	—– · —– ·	$0.5b$	见各有关专业制图标准
	细	—– · —– ·	$0.25b$	中心线、对称线等
双点长画线	粗	—— ·· —— ··	b	见各有关专业制图标准
	中	—– ·· —– ··	$0.5b$	见各有关专业制图标准
	细	—– ·· —– ··	$0.25b$	假想轮廓线、成型前原始轮廓线
折断线		——∿——	$0.25b$	断开界线
波浪线		∼∼∼	$0.25b$	断开界线

表 1-8 中的各种图线均有粗、中、细之分。图线的宽度 b,一

般宜从 2.0 mm，1.4 mm，1.0 mm，0.7 mm，0.5 mm，0.35 mm 系列中选取。这 6 种图线宽度是按 $\sqrt{2}$ 的倍数递增的，应用时，应根据图样的复杂程度和比例大小选用基本线宽。在建筑施工图中，对于每种图线的选用应符合表 1-9 的规定。

表 1-9　线宽比与线宽组　　　　（mm）

线宽比	线宽组					
b	2.0	1.4	1.0	0.7	0.5	0.35
$0.5b$	1.0	0.7	0.5	0.35	0.25	0.18
$0.25b$	0.5	0.35	0.25	0.18		

注：1. 需要微缩的图线，不宜采用 0.18 mm 及更细的线宽。
　　2. 同一张图纸内，各不同线宽中的细线，可统一采用较细的线宽组的细线。

4. 比例

图纸上所画物体图形的大小与物体实际大小的比值称为比例。例如图上某一物体的长度为 1 mm，与之相对应的长度为 100 mm，则此图的比例为 1：100。比例的大小，是指比值的大小，如 1：50＞1：100。比例的第一个数字表示图形的尺寸，第二个数字表示实物对图纸的倍数，如 1：50 表示所画物体的图形比实际物体缩小了 50 倍。比例的符号为"："，比例的标注以阿拉伯数字表示，如 1：1，1：2，1：50 等。某一张图中所有图形同用一个比例时，其比值分别标写在各自图名的右侧。

建筑工程施工图中所使用的比例，一般是根据图样的用途与被绘对象的繁简程度而确定的。建筑工程施工图常用比例如下。

总平面图：1：500，1：1 000，1：2 000，1：5 000。

基本图纸：1：50，1：100，1：150，1：200，1：300。

详细：1：2，1：5，1：10，1：20，1：50。

5. 标高

建筑工程施工图中建筑物各部分的高度和被安装物体的高度均用标高来表示。表示方法采用符号"▽‾‾‾‾"或"△‾‾‾‾"。总平面图中室外地坪标高以"▲"符号表示。

标高有绝对标高和相对标高之分。绝对标高又称为海拔标高,是以青岛市的黄海平面作为零点而确定的高度尺寸。相对标高是选定建筑物某一参考面或参考点作为零点而确定的高度尺寸。建筑工程施工图均采用相对标高。它一般采用室内地面或楼层平面作为零点而计算高度。标高的标注方法为"±0.000",读作"正负零点零零零",标高数值以 m 为单位,标注到小数点后第三位。在总平面图中可注写到小数点后第二位。建筑工程施工图中常见的标高标注方法如图 1-3 所示。

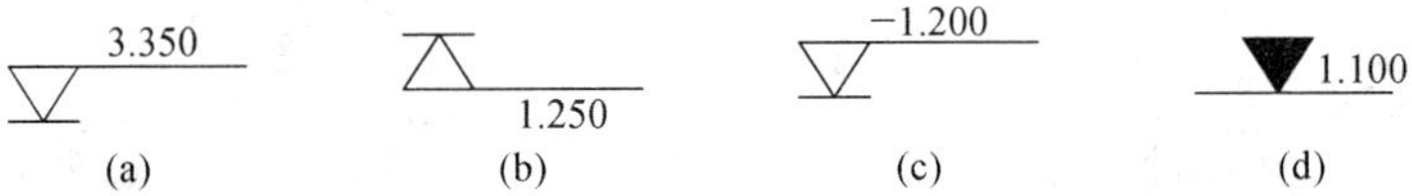

图 1-3　标高的标注方法

标高符号的尖端指在表示高度的地方,横线上的数字表示该处的高度。如果标高符号的尖端下面有一引出线,则用于立面图或剖面图。尖端向下的表示该处的上皮高度;尖端向上的则表示该处下皮的高度。如图 1-3a,1-3b,1-3c,1-3d 分别表示该处上、下皮高度为 3.350 m,1.250 m,—1.200 m 及 1.100 m。比相对标高 ±0.000 高的部位,其数字前面的正号"＋"应省略不写;比"±0.000"低的部位,在其数字前面必须加写负号"—"。如图 1-3c 表示该处比相对标高"±0.000"低 1.200 m。

6. 定位轴线

标明建筑物承重构件的位置所画的图线,称为定位轴线。施工图中的定位轴线是施工放线、设备安装定位的重要依据。定位轴线编号的基本原则是:在水平方向,用阿拉伯数字从左至右顺序编写;在垂直方向采用大写拉丁字母由下至上的顺序编写(I,O,Z 不得用作轴线编号);数字和字母分别用细点画线引出。轴线标注式样如图 1-4 所示。

对于一些与主要承重构件相联系的次要构件,施工图中常采用附加轴线表示其位置,其编号用分数表示。图 1-5a 中分母表示前一轴线的编号,分子表示附加轴线的编号。

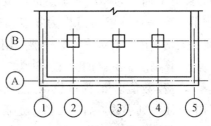

图 1-4 定位轴线及编号

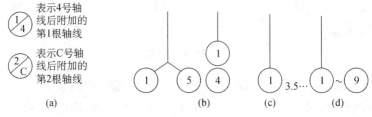

表示4号轴
线后附加的
第1根轴线

表示C号轴
线后附加的
第2根轴线

图 1-5 定位轴线编号的不同注法

　　若一个详图适用于几根定位轴线时,应同时注明各有关轴线的编号。如图 1-5b 所示表示详图适用于两根轴线;图 1-5c 表示详图适用于两根或三根以上轴线;图 1-5d 表示详图适用于三根以上连续编号的轴线。

四、建筑工程施工图的常用符号

1. 剖切符号

　　剖切符号由剖切位置线及剖视方向线组成。剖切线有两种画法:一种是用两根粗实线画在视图中需要剖切的部位,并用阿拉伯数字(也有用罗马数字)编号,按顺序由左至右、由上至下连续编排,注写在剖视方向线的端部(图 1-6a)。采用这种标注方法,剖切后画出来的图样,称作剖面图。另一种画法是用两根剖切位置线(粗实线)并采用阿拉伯数字编号注写在粗线的一侧,编号所在的一侧,表示剖视方向(图 1-6b)。采用这种标注方法绘制出来的图样,称作断面图或剖面图。

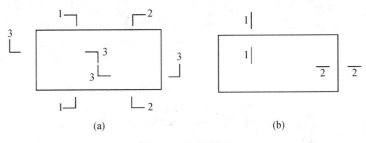

图 1-6　剖切符号

(a) 剖面图剖切符号；(b) 断面图剖切符号

2. 索引符号与详图符号

在建筑平、立、剖面图中,由于绘图比例较小,对于某一局部或构件无法表达清楚,如需采用较大的比例另画详图时,均以其规定符号——索引符号表示(图 1-7~图 1-9)。

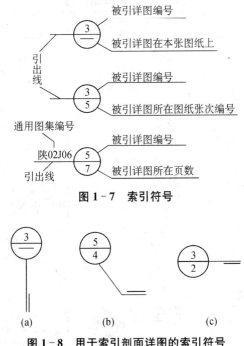

图 1-7　索引符号

图 1-8　用于索引剖面详图的索引符号

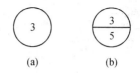

图 1-9 详图符号

(a) 被索引详图同在一张图纸内的详图符号;
(b) 被索引详图不在一张图纸内的详图符号

3. 引出线

建筑工程施工图中某一部位由于地盘的关系而无法标注较多的文字或数字时,一般都采用一根细实线从需要标注文字或数字的位置绘至图纸中空隙较大的位置,而绘出的这条细实线就称作引出线。根据所需引出内容多少的不同,引出线的种类及标注形式见表 1-10。

表 1-10 引出线的种类

序号	名称	线型	说明
1	引出线	(文字说明)	
2	共用引出线	(文字说明)	同时引出几个相同部分的引出线
3	多层构造引出线	(文字说明)	多层构造或多层管道共用引出线,应通过被引出的各层,文字说明顺序应由上至下,并应与被说明的层次相互一致;如层次为横向排列,则由上至下的说明顺序应与由左至右的层次相互一致

（续表）

序号	名称	线型	说明
3	多层构造引出线	 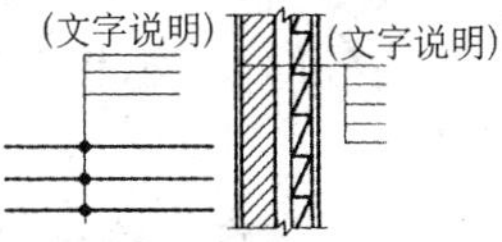 (文字说明) (文字说明) (文字说明)	多层构造或多层管道共用引出线,应通过被引出的各层,文字说明顺序应由上至下,并应与被说明的层次相互一致;如层次为横向排列,则由上至下的说明顺序应与由左至右的层次相互一致

4. 其他符号

（1）对称符号

当一个物体左右两侧完全一样时,在施工图中对其可以只画一半,并在它的左侧或右侧画上对称符号即可。在视图时通过阅视对称符号,就可以知道未画出的部分与已绘出的完全一样。对称符号由对称线和两端的两对平行线组成。对称符号见表 1-11 中序号 1。

表 1-11　其他符号表

序号	名称	图形	说明
1	对称符号		平行线的长度为 6～10 mm,平行线的间距为 2～3 mm,平行线在对称线两侧的长度相等
2	连接符号	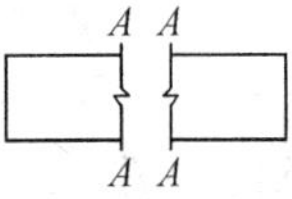 A A A A	① 折断线表示需连接的部位 ② 折断线两端靠图样一侧的大写拉丁字母表示连接编号,两个被连接图样必须用相同的字母编号
3	指北针		圆的直径为 24 mm,指北针尾部的宽度为 3 mm,需用较大直径绘制指北针时,指针尾部宽度宜为直径的 1/8。指针头部应注"北"或"N"字样

（2）连接符号

建筑工程施工图中需要连接的部位或构件采用连接符号表示（注意：是连接，不是焊接）。连接符号见表1-11中序号2。

（3）指北针

建筑工程平面图一般按上北下南左西右东来表示建筑物、构筑物的位置和朝向，但在总平面图和建筑物首层的平面图中都用指北针来表明建（构）筑物的位置和朝向。指北针见表1-11中序号3，圆圈内黑色针尖所指向的方向，表示正北方向，用"北"字或"N"表示。

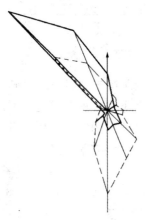

图1-10　风向频率标记符号

（4）风向频率标记符号

为表明工程所在地一年四季的风向情况，在建筑平面图（特别是总平面图）上需标明风向频率标记（符号）。风向频率标记形似一朵玫瑰花，故又称为风向频率玫瑰图或风频玫瑰图。它是根据某一地区多年平均统计的各个方向刮风次数的百分值，按一定比例绘制而成的。它一般用16个方位表示，图上所示的风的吹向是指从外面吹向地区中心的。图1-10是某地区××工程总平面图上标注的风向频率标记（符号），其箭头表示正北方向，实线表示全年的风向频率，虚线表示夏季（6～8月）的风向频率。由此风向频率玫瑰图可知，该工程所在地区常年以西北风为主，而夏季以南风为主，西北风次之。

5.尺寸标注

施工图中除了画出表示建筑物形状的图形外，还应完整、清晰地标注反映建筑物各部分大小的尺寸，以便进行施工和计算它们的实物工程量，以确定其工程价值（造价）。

建筑工程施工图上的尺寸，包括尺寸界线、尺寸线、尺寸起止符号和尺寸数字四个方面内容(图1-11)。尺寸界线和尺寸线均以细实线绘制。尺寸起止符号一般用中粗斜短线绘制,其倾斜方向与尺寸界线成顺时针方向45°角,长度为2~3 mm。

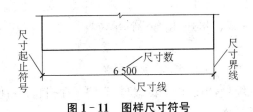

图1-11　图样尺寸符号

五、建筑工程施工图的组成和特点

1. 建筑工程施工图的组成(图1-12)

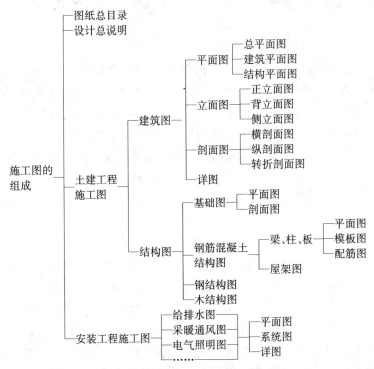

图1-12　建筑工程施工图组成框图

2. 建筑施工图的内容

（1）图纸目录

图纸目录主要说明该工程由哪些图纸组成,各张图纸的名称、张次和图号等,其目的是为了便于查阅有关图纸。目前,图纸目录国家尚无统一规定格式,由各设计单位自行规定,但其主要内容应包括下列几方面：

① 设计单位、工程名称、项目名称。

② 工程编号,由设计单位编写,为便于存档和日后使用查找。

③ 图纸名称、图号、张数等。

（2）设计说明

设计说明没有固定的内容,它是根据每一工程的具体情况而定,就一般情况而言,要说明工程的概貌和设计的总要求、设计依据、相对标高与绝对标高的关系、钢筋等级、砂浆与混凝土的强度等级、施工要求及注意事项等。

（3）总平面图

总平面图是总平面布置图的简称,它是一个建设项目总体布局的图纸。它的内容包括厂区(庭院)道路、围墙、大门的位置及标高,地面坡度和排水流向,常年风向频率和风速,拟建建筑物的位置和朝向,原有建(构)筑物的位置,规划中的建(构)筑物的预留位置等。

总平面图表示的范围比较大,所以绘制时多用较小的比例,如1：500,1：1 000,1：2 000等。总平面图中的坐标、标高、距离等均以 m 为单位,并至少取至小数点后两位,不足时以 0 补齐,如55.80 m。详图以 mm 为单位,如不以 mm 为单位时,设计人员在图纸的右下方或左上方一般都有文字说明。

与其他专业图一样,总平面图中也使用较多的图例符号,造价人员必须熟悉它们的含义,才能知道图中不同符号代表的是什么。在较复杂的总平面图中,如果用到一些国标中没有规定的图例,设计人员在图中一般都另绘制有自创图例和这些图例的含义说明。为了学习的方便,现将常用图例符号编于表 1-12,1-13,对未列入表 1-12,1-13 的图例符号在工作中遇到时,请查阅 GB/

T 50103—2010《总图制图标准》。

总平面图的用途是供拟建建(构)筑物的坐标定位、平整场地、施工放线、土(石)方开挖等做依据。

表 1-12 总平面图常用图例

序号	名称	图例	备注
1	新建建筑物	8 ▲	①需要时,可用▲表示出入口,可在图形内右上角用点数或数字表示层数 ②建筑物外形(一般以±0.00高度处的外墙定位轴线或外墙面线为准)用粗实线表示。需要时,地面以上建筑物用中粗实线表示,地面以下建筑物用细虚线表示
2	原有建筑物		用细实线表示
3	计划扩建的预留地或建筑物		用中粗虚线表示
4	拆除的建筑物		用细实线表示
5	建筑物下面的通道		
6	散状材料露天堆场		需要时可注明材料名称
7	其他材料露天堆场或露天作业场		
8	铺砌场地		
9	敞棚或敞廊		
10	高架式料仓		

(续表)

序号	名称	图例	备注
11	漏斗式贮仓		左、右图为底卸式,中图为侧卸式
12	冷却塔(池)		应注明冷却塔或冷却池
13	水塔、贮罐	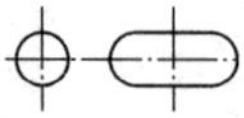	左图为水塔或立式贮罐,右图为卧式贮罐
14	水池、坑槽		也可以不涂黑
15	明溜矿槽(井)		
16	斜井或平洞	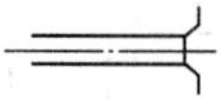	
17	烟囱		实线为烟囱下部直径,虚线为基础,必要时可注写烟囱高度和上、下口直径
18	围墙及大门	 	上图为实体性质的围墙,下图为通透性质的围墙,若仅表示围墙时不画大门
19	挡土墙		
20	挡土墙上设围墙		被挡土在"突出"的一侧
21	台阶	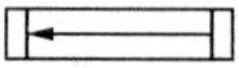	箭头指向表示向下
22	露天桥式起重机		"+"为柱子位置
23	露天电动葫芦	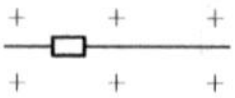 	"+"为支架位置
24	门式起重机	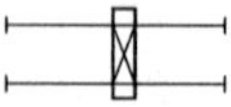 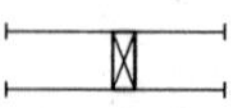	上图表示有外伸臂,下图表示无外伸臂

（续表）

序号	名称	图例	备注
25	架空索道	 ├──I──┤	"I"为支架位置
26	斜坡卷扬机道	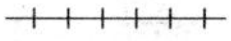	
27	斜坡栈桥（皮带廊等）	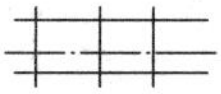	细实线表示支架中心线位置
28	坐标	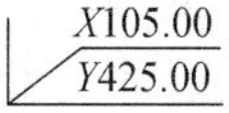 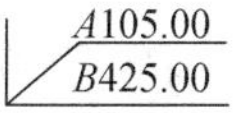 X105.00 Y425.00 A105.00 B425.00	上图表示测量坐标，下图表示建筑坐标
29	方格网交叉点标高	−0.50 77.85 78.35	"78.35"为原地面标高，"77.85"为设计标高，"−0.50"为施工高度，"−"表示挖方（"+"表示填方）
30	填方区、挖方区、未整平区及零点线	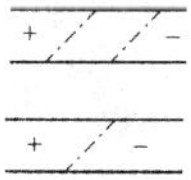 + / −	"+"表示填方区，"−"表示挖方区，中间为未整平区，点画线为零点线
31	填挖边坡	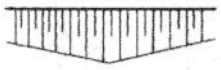	① 边坡较长时，可在一端或两端局部表示
32	护坡	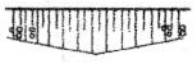	② 下边线为虚线时表示填方
33	分水脊线与谷线	 	上图表示脊线，下图表示谷线
34	洪水淹没线		阴影部分表示淹没区（可在底图背面涂红）
35	地面排水方向		
36	截水沟或排水沟	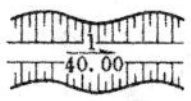 40.00	"1"表示1‰的沟底纵向坡度，"40.00"表示变坡点间距离，箭头表示水流方向

（续表）

序号	名称	图例	备注
37	排水明沟	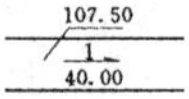 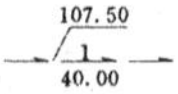 107.50 / 40.00 〔上〕 107.50 / 40.00 〔下〕	① 上图用于比例较大的图面,下图用于比例较小的图面 ② "1"表示 1‰的沟底纵向坡度,"40.00"表示变坡点间距离,箭头表示水流方向 ③ "107.50"表示沟底标高
38	铺砌的排水明沟	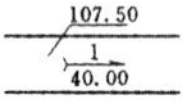 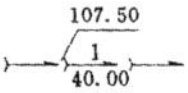 107.50 / 40.00 〔上〕 107.50 / 40.00 〔下〕	① 上图用于比例较大的图面,下图用于比例较小的图面 ② "1"表示 1‰的沟底纵向坡度,"40.00"表示变坡点间距离,箭头表示水流方向 ③ "107.50"表示沟底标高
39	有盖的排水沟	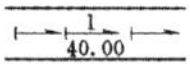 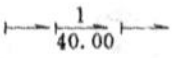 1 / 40.00 〔上〕 1 / 40.00 〔下〕	① 上图用于比例较大的图面,下图用于比例较小的图面 ② "1"表示 1‰的沟底纵向坡度,"40.00"表示变坡点间距离,箭头表示水流方向
40	雨水口		
41	消火栓井		
42	急流槽		箭头表示水流方向
43	跌水	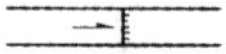	
44	拦水(闸)坝	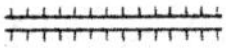	
45	透水路堤	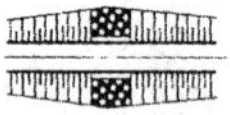	边坡较长时,可在一端或两端局部表示
46	过水路面		
47	室内标高	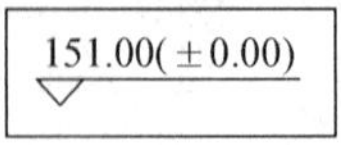 151.00(±0.00)	
48	室外标高	● 143.00 ▼ 143.00	室外标高也可采用等高线表示

表 1-13 道路与铁路图例

序号	名称	图例	备注
1	新建的道路	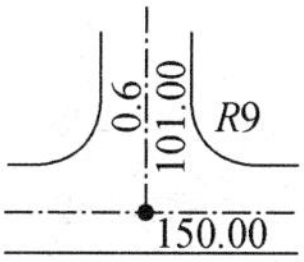	"R9"表示道路转弯半径为 9 m，"150.00"为路面中心控制点标高，"0.6"表示 0.6%的纵向坡度，"101.00"表示变坡点间距离
2	城市型道路断面	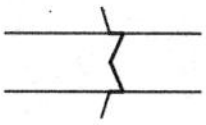 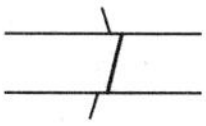	
3	郊区型道路断面	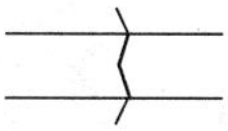 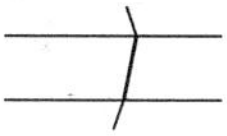	上图为双坡，下图为单坡
4	原有道路		
5	计划扩建的道路		
6	拆除的道路	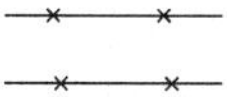	
7	人行道	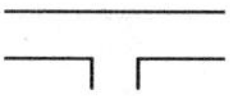	
8	三面坡式缘石坡道	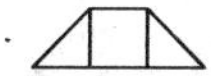	
9	单面坡式缘石坡道		
10	全宽式缘石坡道		
11	道路曲线段		"JD2"为曲线折点编号，"R20"表示道路中心曲线半径为 20 m
12	道路隧道	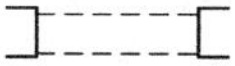	

（续表）

序号	名称	图例	备注
13	汽车衡		
14	汽车洗车台		上图为贯通式，下图为尽头式
15	平交道		上图为无防护的平交道，下图为有防护的平交道
16	平窿		
17	新建的标准轨距铁路		
18	原有的标准轨距铁路		
19	计划扩建的标准轨距铁路		
20	拆除的标准轨距铁路		

（4）土建施工图

根据建筑工程施工图的分类，土建施工图包括建筑施工图和结构施工图两个专业。

① 建筑施工图。建筑施工图主要表明建筑物、构筑物的轮廓形状、构造、尺寸、门窗位置、室内外标高和装饰情况、施工要求等，包括建筑平面图、剖面图、立面图、节点大样图(详图)等。

a. 平面图。沿着水平面绘画出来的图样，称为平面图。多层建筑物的平面图一般包括首(底)层、二层、三层、四层及以上层和顶层平面图。首层以上各层的房间内部布置等情况如果完全相同时，则可用一个平面图来表示，这一平面图称为标准层平面图。建筑平面施工图一般包括下列内容：

（a）工程名称、项目名称、工程编号、图样比例等。

（b）建筑物的平面形状、总长（宽）度、人口位置、门窗宽度及编号,墙壁厚度及长（宽）度,走道、楼梯的布置位置等。

（c）轴线网,即定位轴线和轴线编号。

（d）各房间内部布置和名称。由于建筑物和用途不同,如厂房、住宅、学校等,故对房间的布置就不同,所以在平面图各个房间内一般都标注有房间名称,如卧室、起居室、泵房、教室、教师休息室等。

（e）首层建筑平面图还有室内地沟和室外散水坡、台阶、花台、指北针以及剖面图的剖切位置和剖切编号等。

b. 立面图。每幢房屋建筑都有东、西、南、北四个朝向。表示各个朝向外墙面情况的图就称为立面图。立面图通常表明下列内容：

（a）建筑物的总高度,室外地坪面、室内地坪面、窗台、檐口、屋面、勒脚等的标高。

（b）门、窗、通风洞口的位置和砌筑标高。

（c）外墙面、挑檐、勒脚的装饰材料及色泽等。

（d）其他。如水落管、阳台、雨篷、踏步（台阶）、腰线等。

c. 剖面图。设想如同切西瓜一样把房子从顶部到底部垂直方向地切开,将所看到的构造情况描绘出来的图样,就称为剖面图。剖面图一般表明下列基本内容：

（a）室内、外地坪标高,各楼层标高和层高,楼地面的构造和用料。

（b）门、窗安装高度和内墙面的装饰情况,吊顶构造（构造复杂的吊顶一般另绘制详图）和采用材料以及施工做法。

（c）圈梁、门窗过梁的位置和标高尺寸。

（d）其他。剖面图是平面图、立面图某些不足的补充图,凡是从平、立面图上了解不到的问题,通过阅读剖面图后基本都可以得到解决。

多层或高层建筑物剖面图的左侧或右侧，应标注出室内外地面、各层楼面、楼梯平台、檐口、女儿墙顶面等处的标高。其高度尺寸一般标注有三道线，最外面的一道叫总高尺寸线，它的标注方法有下列三种情况：坡屋面为室外地坪到檐口底面；平屋面为室外地坪到檐口板上表面；有女儿墙时为室外地坪到女儿墙压顶梁上表面。中间的一道称为层高尺寸线，主要表明各楼层的建筑高度。最里边的一道为详细尺寸线，主要表明门窗洞口及中间墙的尺寸等。

d. 建筑详图。表明建筑物某一部位或某一构件、配件详细尺寸和材料做法的图样就称为详图。

建筑详图根据其适用范围的不同，分为通用（标准）详图和非通用详图两种。建筑详图的特点是，比例大、尺寸标注齐全、所用材料表示明显、文字说明详细清楚等。所以无论建筑施工还是工程量清单编制或建筑概预算编制，详图是施工图不可缺少的组成部分。

② 结构施工图。表明拟建工程承重结构的基础、墙、梁、柱、屋架、楼层板和屋盖等构件的材料、形状、大小、结构造型、结构布置等情况的图样，统称结构施工图。如基础平面图、梁柱平面布置图、楼层板平面布置图和结构详图等，都属于结构图。

结构施工图是施工放线、土（石）方开挖、模板制作、钢筋配制、混凝土浇筑，编制施工组织设计和工程量清单与概预算的重要依据。

a. 基础图。表示建筑物相对标高±0.000以下承受上部房屋全部荷载的构件图样称为基础图。基础底下的土层称为地基，地基不是建筑物的组成部分，而是基础下面承受建筑物全部荷载的土层。从基础底面至室内地坪±0.000处的高度，称为基础的埋置深度。如果是条形基础，埋入地下的部分称作基础墙，其底部放大（加宽）部分，称作大放脚；如果是独立基础，则自室内地坪±0.000以下部分称作基础柱；如果是钢筋混凝土大范围的浇筑，则为满堂基础等。基础的平面布置及地面以下的构造情况，以基础平面图和基础剖（截）面详图表示。通过阅读详图可以了解到下列内容：

（a）基础底面的标高。

（b）基础垫层的宽度和厚度（高度）。

（c）基础大放脚的宽度、层数和每层的砖皮数。

（d）防潮层敷设的高度和所用材料。

（e）基础墙的厚度和高度（埋深）。

（f）基础圈梁的宽度、高度和配筋情况，如钢筋的等级、直径、根数、间距等。

（g）基础垫层、基础、基础墙、基础梁等构件所用材料和材料强度等级等。

b. 楼层（屋盖）平面图。楼层（屋盖）结构图主要是表明建筑物各楼层（屋盖）结构的梁、板等结构的组合和布置以及构造等情况的施工图。楼层（屋盖）结构图主要以平面图为主并辅以局部剖（截）面图和详图所组成。通过阅读楼层（屋盖）结构平面图可以了解到下列基本内容：

（a）板的长度、宽度与厚度。

（b）板的制作性质（预制或现浇），如为预制时所采用的标准板号及规格。

（c）板与梁的关系，即有梁板或平板。

（d）板的钢筋配制及所有钢筋的规格、型号。

（e）梁的根数、编号及断面尺寸。

（f）挑檐的构造形式（通过阅视详图）。

（g）板、梁、柱、墙相互之间的关系等。

c. 钢筋混凝土构件图。用钢筋和混凝土一起浇捣成的梁、柱、板、屋架、基础等结构件，称为钢筋混凝土构件。钢筋混凝土构件，根据制作方法的不同可以分为预制和现浇两种；根据构件受力情况的不同，又可分为预应力和非预应力两种。

各种钢筋混凝土构件，一般都是以详图表示，称作结构构件详图。钢筋混凝土结构构件详图一般包括模板图、配筋图、配筋表及预埋件详图。配筋图又分为立面图、断面图和钢筋详图。主要用来表明构件内部钢筋的级别、尺寸、数量和配置，它是钢筋下料以及绑扎钢筋骨架的施工依据。模板图主要用来表明构件外形尺寸以及预埋件、预留孔的大小及位置,它是模板制作安装的依据。

3. 建筑施工图的特点

(1) 图样均为缩小比例

建筑施工图的特点之一是体积庞大、结构复杂、形态多样,因此,一座几十层或占地面积几万平方米的庞大的建筑物,欲在几张或几十张纸面上绘画出来,设计人员就要按照一定的比例,将一座庞大的房屋或其他建筑物采用缩小的办法绘制在一定尺寸的纸面上,使建筑施工人员一看就知道某一建筑物的实态有多大,以满足施工等各方面的需要。同时,施工图中采用正投影表示不清楚的内容均采用国家统一规定的图例、符号、代号表示,如门的代号为M,窗为C,梁为L等。

(2) 采用构件标准化

建筑施工图中的许多构件、标准配件,都可采用国家规定的统一标准,有利于实现工程建设的标准化、机械化和加快建设进度。

(3) 图线区分明确

建筑工程施工图的线型依据表达内容的不同而有明显的区分,例如基础平面图中的条形基础用中实线表示,地槽用细实线表示;配筋图中的钢筋用粗实线表示,构件的轮廓线用细实线表示;轴线、中心线用细点画线表示等。

(4) 文字说明简洁清晰

建筑工程施工图中的文字说明是指导施工和编制工程量清单或概预算文件的重要依据之一,因此它的文字说明一般都很简洁清晰、词语严谨,无模棱两可的现象。

六、建筑工程施工图的识读方法

一幢建筑物的施工图纸都是由土建图和安装图两部分组成,而土建图又是由建筑图、结构图和详图等图纸组成的。各种图纸之间是相互配合、紧密联系、互相补充的建筑施工的无声语言。因此,识读建筑工程施工图时,应按照一定的步骤和方法进行,才能获得比较好的识读效果。

1. 识读施工图的步骤

① 阅读图纸目录。

② 阅读设计说明。

③ 识读基本图。

④ 识读详图。

2. 识读施工图的方法

识读施工图不是通过阅读某一张或某一种图纸就可以达到建造师指导施工和造价师(员)编制工程量清单或编制预算计算工程量的目的,最有效的方法是有联系地、综合地识图。也就是说,基本图、详图结合起来识读,建筑图、结构图结合起来识读,平面图、立面图、剖面图结合起来识读。总的来说,对建筑施工图的识读方法可以用图 1-13 表示。

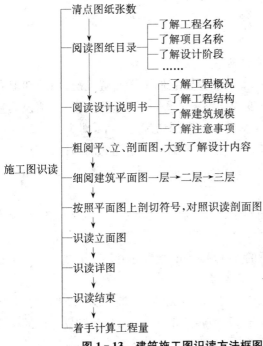

图 1-13　建筑施工图识读方法框图

3. 土建施工图识读举例

土建工程量清单与预算编制计算工程量或土建施工,都是先从基础开始。对建筑工程施工图的识读,这里以基础图为例予以说明。图 1-14 是某单位汽车库的基础平面图,通过识读这张图纸,对工程造价人员来说应着重了解以下主要内容。

(1) 基础布置情况

基础是位于建筑物底层地面以下,承受上部建(构)筑物全部荷载的构件。基础平面图是表明基础类型、平面尺寸、剖切位置、剖切形式及剖切记号等情况的施工图。因此,在图 1-14a 中可以看到以下几种情况:

① 该基础为方形,中心线长度为 10.80 m,宽度为 7.80 m。横轴线编号为①~⑤,轴距为 1.110 m,1.23 m 和 3.60 m 三个不相等轴距;纵轴线编号为Ⓐ~Ⓑ,轴距为 3.3 m 和 1.20 m。

② 有独立柱基础 2 个,编号 J-1。基础梁(JQL-1)2 个。

③ 基础宽 0.80 m,独立柱基础地坑平面尺寸为 1.40 m×1.40 m。

(2) 基础构成材料

从基础平面图上只能得知它们平面布置概况,而不知道它的构成材料、埋设深度和详细尺寸等,欲知这些内容,必须识读它的剖面图。图 1-14 基础图共有剖切标记 4 个,即 1-1,2-2,3-3,4-4,J-1 与 Z-1 独立基础与独立柱的剖切标记为 4-4 和 5-5。从 1-1,2-2,3-3,4-4 断面图(图 1-14c,d,e,f)得知:

① 基础埋深除图 1-14f 独立基础为-1.300 m 外,其余均为-1.200 m。

② 基础下部的-0.900 m 处为 3∶7 灰土垫层,其宽度为 0.80 m 和 0.50 m,厚度为 0.30 m。

③ 砖基础宽度 1-1,2-2 和 3-3 断面为 0.24 m,有大放脚一层,高度为 0.90 m,两边各凸出 0.06 m;J-1 独立基础的构成材料等,请阅视设计说明,这里不再一一介绍。

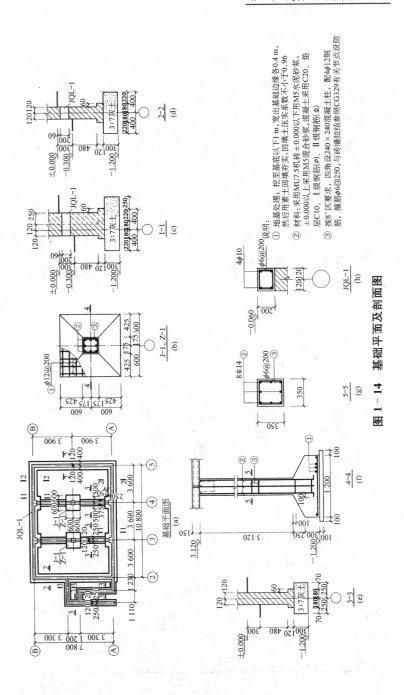

图1-14 基础平面及剖面图

（3）基础施工要求

了解施工要求对正确选用材料质量和工程量清单计（报）价及概预算编制选套定额单价有重要的作用。此部分内容如混凝土、砖和砂浆的强度等级，一般不在平面与剖面图中标注，而需要阅读它的设计说明。图 1 - 14 的施工要求，见图中文字说明部分。

基础图识读完后，就可以进行土（石）方开挖、基础砌（浇）筑工程量计算等工作。

4. 识读土建施工图应注意事项

① 注意由大到小、由粗到细，循序看图。

② 注意平、立、剖面图互相对照，综合看图。

③ 注意由整体到局部系统地去看图。

④ 注意索引标志和详图标志。

⑤ 注意图例、符号和代号。

⑥ 注意计量单位和要求。

⑦ 注意附注或说明。

⑧ 结合实物看图。

⑨ 发现图中有不明白或错误时，应及时询问设计人员，切忌想当然地去判断和在图面上乱勾滥画，保持图面整洁无损。

土建施工图是计算工程量和指导施工的依据，为了便于表达设计内容和图面的整洁、简明、清晰，施工图中采用了一系列统一规定的图例、符号、代号，熟悉与牢记这些图例、符号和代号，有助于提高识图能力和看图速度。

七、建筑工程施工图常用图例

1. 建筑材料图例（表 1 - 14）

表 1 - 14　常用建筑材料图例

序号	名称	图例	说明
1	自然土		包括各种自然土
2	夯实土		

(续表)

序号	名称	图例	说明
3	砂、灰土		靠近轮廓线绘较密的点
4	砂砾石、碎砖三合土		
5	石材		
6	毛石		
7	普通砖		包括实心砖、多孔砖、砌块等砌体。断面较窄不易绘出图线时,可以涂红表示
8	耐火砖		包括耐酸砖等砌体
9	空心砖		指非承重砖砌体
10	饰面砖		包括铺地砖、马赛克、陶瓷锦砖、人造大理石等
11	混凝土		① 本图例指能承重的混凝土及钢筋混凝土 ② 包括各种强度等级、骨料、添加剂的混凝土 ③ 在剖面图上画出钢筋时,不画图例线 ④ 断面图形小,不易画出图例线时,可涂黑
12	钢筋混凝土		
13	焦渣、矿渣		包括与水泥、石灰等混合而成的材料
14	多孔材料		包括水泥珍珠岩、沥青珍珠岩、泡沫混凝土、非承重加气混凝土、软木、蛭石制品等
15	纤维材料		包括矿棉、岩棉、玻璃棉、麻丝、木丝板、纤维板等
16	泡沫塑料材料		包括聚苯乙烯、聚乙烯、聚氨酯等多孔聚合物类材料

（续表）

序号	名称	图例	说明
17	木材		① 上图为横断面,上左图为垫木、木砖、木龙骨 ② 下图为纵断面
18	胶合板		应注明为×层胶合板
19	石膏板		包括圆孔、方孔石膏板、防水石膏板等
20	金属		① 包括各种金属 ② 图形小时,可涂黑
21	网状材料		① 包括金属、塑料网状材料 ② 应注明具体材料名称
22	液体		应注明具体液体名称
23	玻璃		包括平板玻璃、磨砂玻璃、夹丝玻璃、钢化玻璃、中空玻璃、夹层玻璃、镀膜玻璃等
24	橡胶		
25	塑料		包括各种软、硬塑料及有机玻璃等
26	防水材料		构造层次多或比例大时,采用上面图例
27	粉刷		本图例采用较稀的点

注：在同一序号中有两个图例时,左图为立面,右图为剖面。仅有一个图例时,则为剖面。

2. 建筑配件图例(表 1-15)

表 1-15 常用建筑配件图例

序号	名称	图例	说明
1	墙体		应加注文字或填充图例表示墙体材料,在项目设计图纸说明中,列材料图例表给予说明

序号	名称	图例	说明
2	隔断		① 包括板条抹灰、木制、石膏板、金属材料等隔断 ② 适用于到顶与不到顶隔断
3	栏杆		
4	楼梯	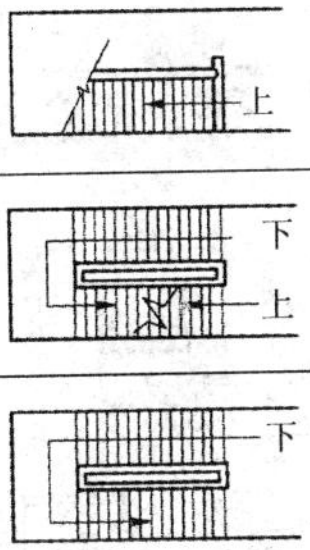	① 上图为底层楼梯平面,中图为中间层楼梯平面,下图为顶层楼梯平面 ② 楼梯及栏杆扶手的形式和梯段踏步数应按实际情况绘制
5	坡道	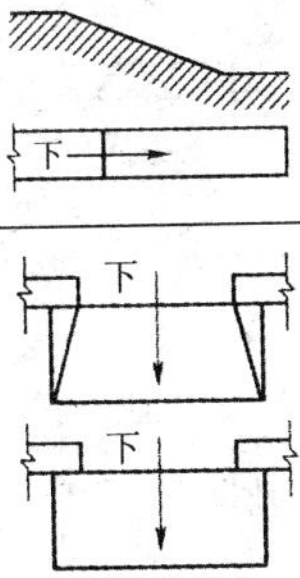	上图为长坡道,下图为门口坡道
6	平面高差	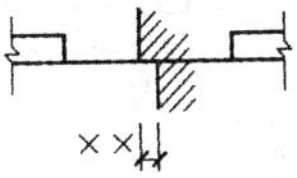	适用于高差小于100 mm的两个地面或楼面相接处
7	检查孔		左图为可见检查孔,右图为不可见检查孔
8	孔洞		阴影部分可以涂色代替
9	坑槽		

(续表)

序号	名称	图例	说明
10	墙预留洞	宽×高或φ 底(顶或中心)标高××,××××	① 以洞中心或洞边定位 ② 宜以涂色区别墙体和留洞位置
11	墙预留槽	宽×高×深或φ 底(顶或中心)标高××,××××	
12	烟道		① 阴影部分可以涂色代替 ② 烟道与墙体为同一材料,其相接处墙身线应断开
13	通风道		
14	新建的墙和窗		① 本图以小型砌块为图例,绘图时应按所用材料的图例绘制;不易以图例绘制的,可在墙面上以文字或代号注明 ② 小比例绘图时平、剖面窗线可用单粗实线表示
15	改建时保留的原有墙和窗		

（续表）

序号	名称	图例	说明
16	应拆除的墙		
17	在原有墙或楼板上新开的洞		
18	在原有洞旁扩大的洞		
19	在原有墙或楼板上全部填塞的洞		
20	在原有墙或楼板上局部填塞的洞		
21	空门洞		h 为门洞高度

(续表)

序号	名称	图例	说明
22	单扇门(包括平开或单面弹簧)	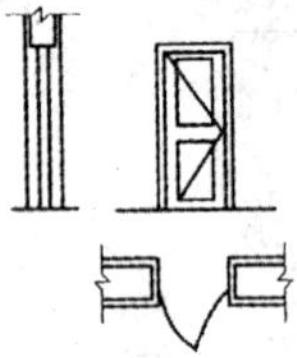	① 门的名称代号用 M 表示 ② 图例中剖面图左为外、右为内,平面图上为内、下为外 ③ 立面图上开启方向线交角的一侧为安装合页的一侧,实线为外开,虚线为内开 ④ 平面图上门线应 90° 或 45° 开启,开启弧线宜绘出 ⑤ 立面图上的开启线在一般设计图中可不表示,在详图及室内设计图上应表示 ⑥ 立面形式应按实际情况绘制
23	双扇门(包括平开或单面弹簧)	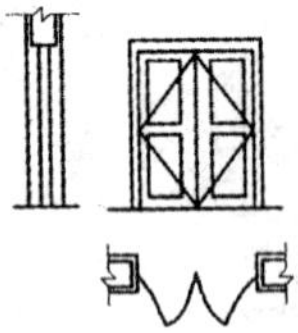	
24	对开折叠门	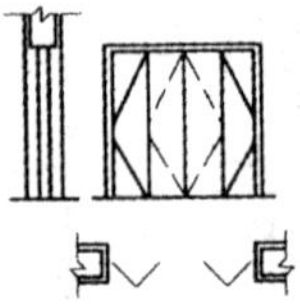	
25	推拉门		
26	墙外单扇推拉门	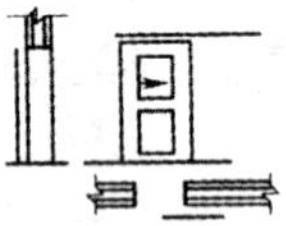	① 门的名称代号用 M 表示 ② 图例中剖面图左为外、右为内,平面图上为内、下为外 ③ 立面形式应按实际情况绘制
27	墙外双扇推拉门	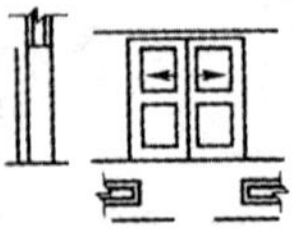	

（续表）

序号	名称	图例	说明
28	墙中单扇推拉门	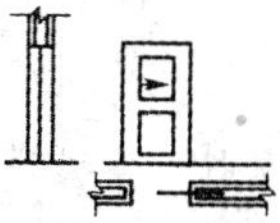	① 门的名称代号用 M 表示 ② 图例中剖面图左为外、右为内，平面图上为内、下为外 ③ 立面形式应按实际情况绘制
29	墙中双扇推拉门	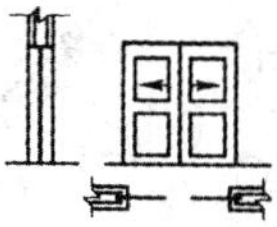	
30	单扇双面弹簧门	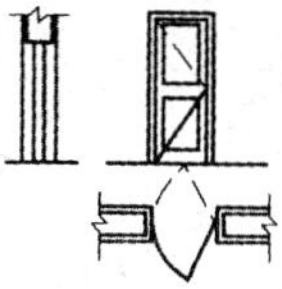	
31	双扇双面弹簧门	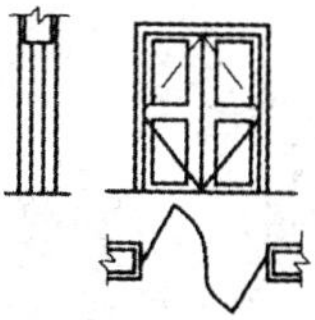	① 门的名称代号用 M 表示 ② 图例中剖面图左为外、右为内，平面图上为内、下为外 ③ 立面图上开启方向线交角的一侧为安装合页的一侧，实线为外开，虚线为内开 ④ 平面图上门线应 90°或 45°开启，开启弧线宜绘出 ⑤ 立面图上的开启线在一般设计图中可不表示，在详图及室内设计图上应表示 ⑥ 立面形式应按实际情况绘制
32	单扇内外开双层门（包括平开或单面弹簧）	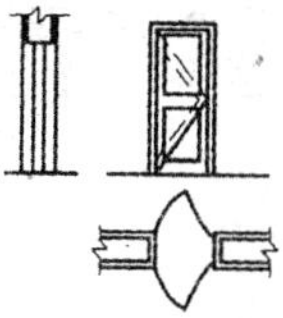	
33	双扇内外开双层门（包括平开或单面弹簧）	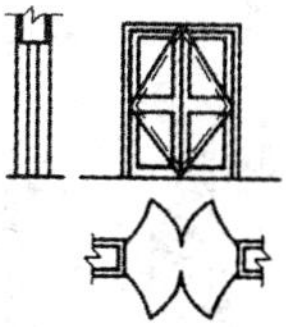	

序号	名称	图例	说明
34	转门	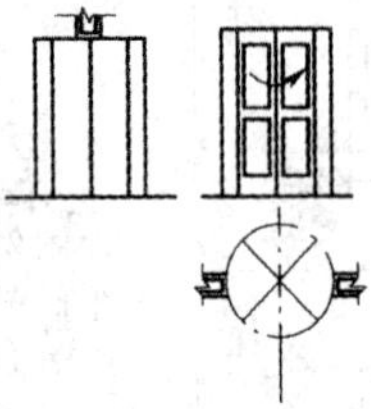	① 门的名称代号用 M 表示 ② 图例中剖面图左为外、右为内,平面图下为外、上为内 ③ 平面图上门线应 90°或 45°开启,开启弧线宜绘出 ④ 立面图上的开启线在一般设计图中可不表示,在详图及室内设计图上应表示 ⑤ 立面形式应按实际情况绘制
35	折叠上翻门	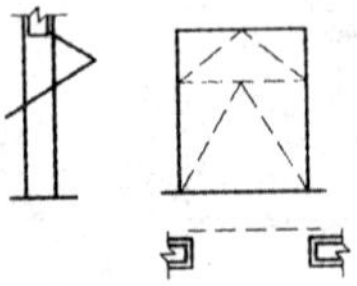	① 门的名称代号用 M 表示 ② 图例中剖面图左为外、右为内,平面图下为外、上为内 ③ 立面图上开启方向线交角的一侧为安装合页的一侧,实线为外开,虚线为内开 ④ 立面图上的开启线在一般设计图中可不表示,在详图及室内设计图上应表示 ⑤ 立面形式应按实际情况绘制
36	竖向卷帘门	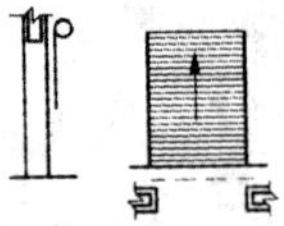	
37	横向卷帘门	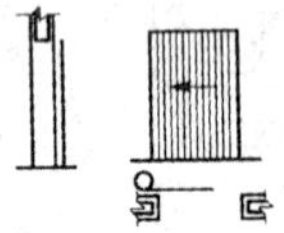	① 门的名称代号用 M 表示 ② 图例中剖面图左为外、右为内,平面图上为内、下为外 ③ 立面图上的开启线在一般设计图中可不表示,在详图及室内设计图上应表示
38	提升门	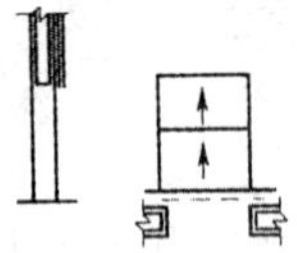	
39	自动门	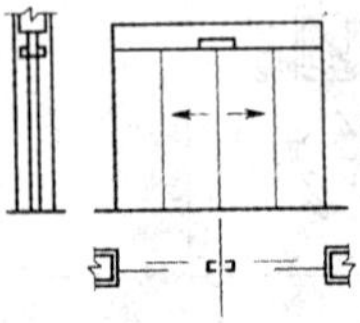	① 门的名称代号用 M 表示 ② 图例中剖面图左为外、右为内,平面图下为外、上为内 ③ 立面形式应按实际情况绘制

序号	名称	图例	说明
40	单层固定窗	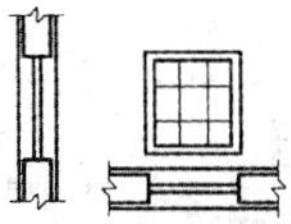	
41	单层外开上悬窗	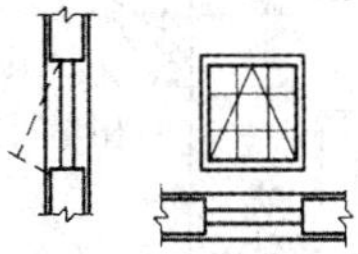	
42	单层中悬窗	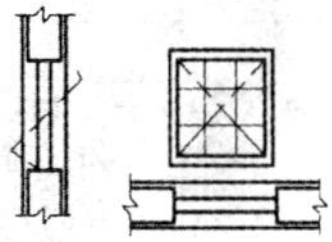	① 窗的名称代号用 C 表示 ② 立面图中的斜线表示窗的开启方向,实线为外开,虚线为内开;开启向方线交角的一侧为安装合页的一侧,一般设计图中可不表示
43	单层内开下悬窗	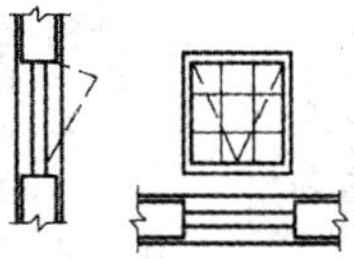	③ 图例中,剖面图所示左为外、右为内,平面图所示下为外、上为内 ④ 平、剖面图上的虚线仅说明开关方式,在设计图中不需表示
44	立转窗	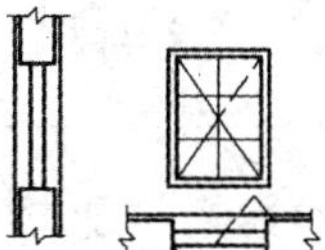	⑤ 窗的立面形式应按实际情况绘制 ⑥ 小比例绘图时平、剖面的窗线可用单粗实线表示
45	单层外开平开窗	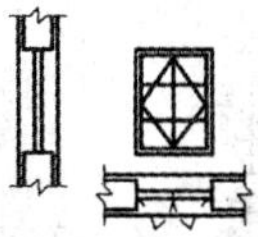	
46	单层内开平开窗	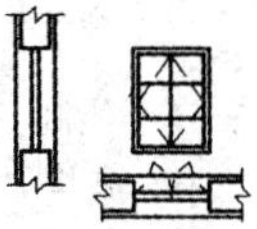	
47	双层内外开平开窗	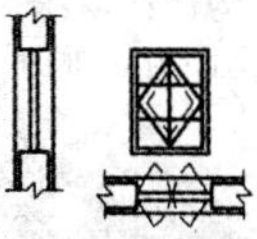	

(续表)

序号	名称	图例	说明
48	推拉窗		① 窗的名称代号用 C 表示 ② 窗的立面形式应按实际情况绘制
49	上推窗		③ 小比例绘图时平、剖面的窗线可用单粗实线表示
50	百叶窗		① 窗的名称代号用 C 表示 ② 立面图中的斜线表示窗的开启方向,实线为外开,虚线为内开;开启方向线交角的一侧为安装合页的一侧,一般设计图中可不表示 ③ 图例中,剖面图所示左为外、右为内,平面图所示下为外、上为内 ④ 平、剖面图上的虚线仅说明开关方式,在设计图中不需表示 ⑤ 窗的立面形式应按实际情况绘制
51	高窗	$h=$	① 窗的名称代号用 C 表示 ② 立面图中的斜线表示窗的开启方式,实线为外开,虚线为内开;开启方向线交角的一侧为安装合页的一侧,一般设计图中可不表示 ③ 图例中,剖面图所示左为外、右为内,平面图所示下为外、上为内 ④ 平、剖面图上的虚线仅说明开关方式,在设计图中不需表示 ⑤ 窗的立面形式应按实际情况绘制 ⑥ h 为窗底距本层楼地面的高度

注:在同一序号中有三个图例时,左图为剖面,右图为立面,下图为平面;有两个图例时,左图为剖面,右图为立面,或上图为立面,下图为平面;仅有一个图例时,则为平面。

3. 水平及垂直运输装置图例(表 1‑16)

表 1‑16　水平及垂直运输装置

序号	名称	图例	说明
1	铁路	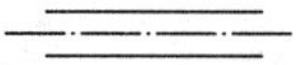	本图例适用于标准轨及窄轨铁路,使用本图例时应注明轨距
2	起重机轨道	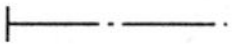	
3	电动葫芦	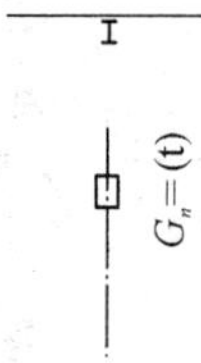 $G_n=$ (t)	
4	梁式悬挂起重机	$G_n=$ (t) $S=$ (m)	① 上图表示立面(或剖面),下图表示平面 ② 起重机图例宜按比例绘制 ③ 有无操纵室,应按实际情况绘制 ④ 需要时,可注明起重机的名称、行驶的轴线范围及工作级别 ⑤ 本图例的符号说明: 　G_n——起重机起重量,以 t 计算; 　S——起重机的跨度或臂长,以 m 计算
5	梁式起重机	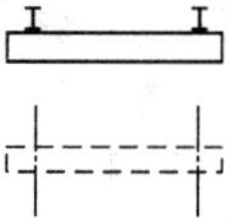 $G_n=$ (t) $S=$ (m)	
6	桥式起重机	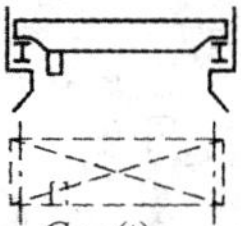 $G_n=$ (t) $S=$ (m)	

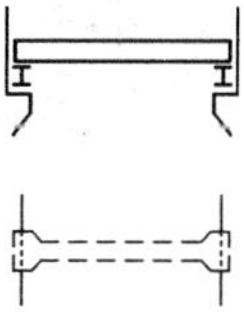

（续表）

序号	名称	图例	说明
7	壁行起重机	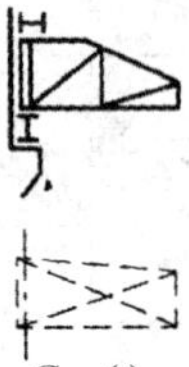 $G_n=$ (t) $S=$ (m)	① 上图表示立面（或剖面），下图表示平面 ② 起重机图例宜按比例绘制 ③ 有无操纵室，应按实际情况绘制 ④ 需要时，可注明起重机的名称、行驶的轴线范围及工作级别 ⑤ 本图例的符号说明： G_n——起重机起重量，以 t 计算； S——起重机的跨度或臂长，以 m 计算
8	旋壁起重机	 $G_n=$ (t) $S=$ (m)	
9	电梯	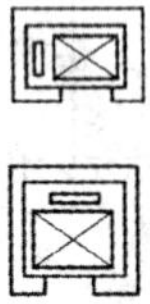	① 电梯应注明类型，并绘出门和平衡锤的实际位置 ② 观景电梯等特殊类型电梯应参照本图例按实际情况绘制
10	自动扶梯	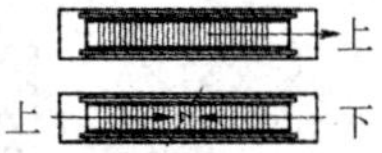 上 上 下	① 自动扶梯和自动人行道、自动人行坡道可正逆向运行，箭头方向为设计运行方向 ② 自动人行坡道应在箭头线段尾部加注"上"或下"
11	自动人行道及自动人行坡道	上	

注：在同一序号中有两个图例时，上图表示立面或剖面、下图表示平面。

八、建筑工程施工图常用代号

1. 一般常用代号(表1-17)

表1-17 一般常用代号

名称	代号	名称	代号
坡度	$i=0.003$	组合钢门窗	MC
流向	→	组合钢窗	GH
长	L	防盗门	MF
宽	B	铝合金推拉门	LMT
高	H	铝合金窗	LC
面积	S或F	砖强度等级	MU10
门	M	混凝土强度等级	C20
窗	C	砂浆强度等级	M2.5
防火窗、钢窗	GC	预埋螺栓	M22×18

2. 构件常用代号(表1-18)

表1-18 构件常用代号

序号	名称	代号	序号	名称	代号
1	板	B	12	盖板或沟盖板	GB
2	槽形板	CB	13	梁	L
3	折板	ZB	14	基础梁	JL
4	密肋板	MB	15	过梁	GL
5	空心板	KB	16	圈梁	QL
6	屋面板	WB	17	吊车梁	DL
7	挡雨板或檐口板	YB	18	屋面梁	WL
8	天沟板	TGB	19	连系梁	LL
9	墙板	QB	20	楼梯梁	TL
10	楼梯板	TB	21	单轨吊车梁	DDL
11	吊车安全走道板	DB	22	轨道连接	DGL

(续表)

序号	名称	代号	序号	名称	代号
23	车挡	CD	39	垂直支撑	CC
24	框架梁	KL	40	水平支撑	SC
25	框支梁	KZL	41	柱间支撑	ZC
26	屋面框架梁	WKL	42	柱	Z
27	框架柱	KZ	43	桩	ZH
28	檩条	LT	44	基础	J
29	梁垫	LD	45	设备基础	SJ
30	屋架	WJ	46	预埋件	M
31	托架	TJ	47	构造柱	GZ
32	天窗架	CJ	48	暗柱	AZ
33	框架	KJ	49	承台	CT
34	刚架	GJ	50	挡土墙	DQ
35	支架	ZJ	51	地沟	DG
36	雨篷	YP	52	天窗端壁	TD
37	阳台	YT	53	钢筋网	W
38	梯	T	54	钢筋骨架	G

注：预制或预应力钢筋混凝土构件，应在上列构件代号前加一 Y 字母，例如 Y-WL 表示预应力钢筋混凝土屋面梁。

3. 钢筋常用代号(表 1‑19)

表 1‑19　钢筋常用代号

序号	名称	代号	序号	名称	代号
1	HPB235（Ⅰ）级钢筋	Φ	7	冷拉Ⅲ级钢筋	ΦL
2	HRB335（Ⅱ）级钢筋	Φ	8	冷拉Ⅳ级钢筋	ΦL
3	HRB400（Ⅲ）级钢筋	Φ	9	冷拔低碳钢丝	Φb
4	RRB400（Ⅳ）级钢筋	Φ	10	碳素钢丝	Φs
5	冷拉Ⅰ级钢筋	ΦL	11	钢绞线	Φj
6	冷拉Ⅱ级钢筋	ΦL			

第二章

建筑工程造价基础理论

第一节　清单计价规范

一、总则与术语

　　经住房和城乡建设部（原建设部）批准，国家标准 GB 50500—2003《建设工程工程量清单计价规范》（以下简称《计价规范》）于2003 年 7 月 1 日正式实施。随后，通过修订颁布了 2008 版的《计价规范》于 2008 年 12 月 1 日起实施。该规范对于规范建设工程招投标中发、承包双方计价行为起到了重要作用，使我国工程造价从传统的以预算定额为主的计价方式向国际上通行的工程量清单计价模式进行了转变，是我国工程造价计价方式的一次重大改革。但随着工程造价行业的形势发展，在使用中出现了新情况、新问题，住建部通过广泛征求意见、调查研究、总结经验，针对施行中存在的问题，对 2008 版《计价规范》反复修改、审查，完成了 2013 版《计价规范》的修订工作，经住房和城乡建设部与国家质量监督检验检疫总局联合发布，GB 50500—2013《建设工程工程量清单计价规范》于 2013 年 7 月 1 日起实施。

　　最新的《计价规范》在 2008 版规范的基础上，把计量和计价两部分的规定实际分开，新规范先是对计价内容进行了规范，形成了共 328 条规定，然后单独给出了 9 个专业（分别为房屋建筑与装饰工程、仿古建筑工程、通用安装工程、市政工程、园林绿化工程、构筑物工程、矿山工程、城市轨道交通工程、爆破工程）的工程计量规范。

1. 总则

规范的第一章"总则"，主要是从整体上叙述了有关本项规范起草与实施的几个基本问题。主要内容为起草目的、依据、适用范围、基本原则以及执行本规范与执行其他标准之间的关系等基本事项，本规范总则共 8 条。

《计价规范》适用于建设工程工程量清单计价活动，主要包括工程量清单编制、招标控制价编制、投标报价编制、工程合同价款的约定、竣工结算的办法以及工程施工过程中工程计量、工程价款的支付、索赔与现场签证、工程价款的调整和工程计价纠纷处理等活动。

全部使用国有资金投资或以国有资金投资为主（以下两者简称"国有资金"投资）的工程建设项目，必须采用工程量清单计价，属于强制性规定。国有资金（含国家融资资金）为主的工程建设项目是指国有资金占投资总额 50% 以上，或虽不足 50% 但国有投资者实质上拥有控股权的工程建设项目。

非国有资金投资的工程建设项目，宜采用工程量清单计价。对于非国有资金投资的工程建设项目，是否采用工程量清单计价方式由项目业主自主确定。

对于确定不采用工程量清单计价方式计价的非国有资金投资的工程建设项目，除不执行工程量清单计价的专门性规定外，仍然应执行工程价款调整、工程计量和价款支付、索赔与现场签证、竣工结算以及工程造价争议处理等条文。

2. 术语

术语是对本规范特有术语给予的定义，尽可能避免本规范贯彻实施过程中由于不同理解而造成的争议，共计 27 条。其中，发包人和承包人的定义如下所述。

（1）发包人

其指具有工程发包主体资格和支付工程价款能力的当事人以

及取得该当事人资格的合法继承人,又称为"招标人"。

（2）承包人

其指被发包人接受的具有工程施工承包主体资质的当事人以及取得该当事人资格的合法继承人,又称为"投标人"或施工企业。

二、招标工程量清单

招标工程量清单规定了工程量清单编制人及其资质、工程量清单的组成内容、编制依据和各组成内容的编制要求。具体内容包括一般规定、分部分项工程、措施项目、其他项目、规费、税金。

1. 工程量清单

工程量清单是建筑工程的分部分项工程项目、措施项目、其他项目、规费项目和税金的名称及相应数量等的明细清单。该清单应由具有编制能力的招标人或受其委托,具有相应资质的工程造价咨询人编制。采用工程量清单方式招标,工程量清单必须作为招标文件的组成部分,招标人对编制的工程量清单的标准性（数量）和完整性（不缺项、漏项）负责,如委托工程造价咨询人编制,其责任仍由招标人承担（强制性规定）。

招标人依据工程量清单进行招标报价,对工程量清单不负有核实义务,更不具有修改和调整的权利。

2. 编制工程量清单的依据

① 本规范和相关工程国家计量规范。

② 国家或省级、行业建设主管部门颁发的计价定额和办法。

③ 建设工程设计文件及相关资料。

④ 与建设工程有关的标准、规范、技术资料。

⑤ 拟定招标文件。

⑥ 施工现场情况、地勘水文资料、工程特点及常规施工方案。

⑦ 其他相关资料。

3. 分部分项工程

分部分项工程量清单共 2 条,强制性条文 2 条。它规定了组成分部分项工程量清单的 5 个要件,即项目编码、项目名称、项目特征、计量单位和工程量计算规则。

4. 其他项目

其他项目清单宜按照下列内容列项。

（1）暂列金额

招标人在工程量清单中暂定并包括在合同价款中的一笔款项。用于施工合同签订尚未确定或者不可预见的所需材料、设备、服务的采购，施工中可能发生的工程变更，合同约定调整因素出现时的工程价款调整及发生的索赔，现场签证确认等的费用。

暂列金额包括在合同价款中，是由发包人暂定并掌握使用的一笔款项，并不直接属于承包人所有。

（2）暂估价

招标人在工程量清单中提供的用于支付必然发生但暂时不能确定价格的材料的单价以及专业工程的金额，包括材料暂估单价、专业工程暂估价。

（3）计日工

在施工过程中，完成发包人提出的施工图纸以外的零星项目或工作，按合同中约定的综合单价计价。"计日工"的数量按完成发包人发出的计日工指令的数量确定。

（4）总承包服务费

总承包人为配合协调发包人进行的工程分包，自行采购的设备、材料等进行管理、服务，以及施工现场管理、竣工资料汇总整理等服务所需的费用。

5. 规费

规费项目清单应按下列内容列项：

① 工程排污费。

② 社会保障费，包括养老保险费、失业保险费、医疗保险费。

③ 住房公积金。

④ 工伤保险。

6. 税金

税金项目清单应包括下列内容：

① 营业税。

② 城市维护建设税。

③ 教育费附加。

三、招标控制价与投标报价

1. 招标控制价

招标控制价指招标人根据国家或省级、行业建设主管部门颁发的有关计价依据和办法，以及拟定的招标文件和招标工程量清单，编制的招标工程的最高限价。

① 招标控制价应根据下列依据编制与复核：

a. 本规范。

b. 国家或省级、行业建设主管部门颁发的计价定额和计价办法。

c. 建设工程设计文件及相关资料。

d. 拟定的招标文件及招标工程量清单。

e. 与建设项目相关的标准、规范、技术资料。

f. 施工现场情况、工程特点及常规施工方案。

g. 工程造价管理机构发布的工程造价信息；工程造价信息没有发布的，参照市场价。

h. 其他的相关资料。

② 国有资金投资的建设工程招标，招标人必须编制招标控制价（强制条文）。

③ 招标控制价按照本规范规定编制，不应上调或下浮。《建设工程质量管理条例》第十条规定，"建设工程发包单位不得迫使承包方以低于成本价格竞标"，所以不得对所编制的招标控制价进行上浮或下调。

2. 投标报价

该内容主要规定了投标报价的编制原则、编制依据、编制与复核内容。

投标人必须按照招标工程量清单填报价格。项目编码、项目名称、项目特征、计量单位、工程量必须与招标工程量清单一致（强制性规定）。实行清单招标，招标人在招标文件中提供工程量清单，其目的是使各投标人在投标报价中具有共同的竞争平台。因此，要求投标人在投标报价中填写的工程量清单的项目编码、项目名称、项目特征、计量单位、工程数量必须与招标人招标文件中提供的一致，否则按废标处理。

（1）投标报价编制的依据

① 《建设工程工程量清单计价规范》。

② 国家或省级行业建设主管部门颁发计价办法。

③ 企业定额、国家或省级行业建设主管部门颁发的计价定额。

④ 招标文件、工程量清单及其补充通知、答疑纪要。

⑤ 建筑工程设计文件及相关资料。

⑥ 施工现场情况、工程特点及拟定的投标施工组织设计或施工方案。

⑦ 与建设项目相关的标准、规范等技术资料。

⑧ 市场价格信息或工程造价管理机构发布的工程造价信息。

⑨ 其他的相关资料。

（2）投标人自主确定报价应遵循的原则

① 遵守有关规范标准和建设工程设计文件的要求。

② 遵守国家或省级建设行政主管部门及其工程造价管理机构制定的有关工程造价政策要求。

③ 遵守招标文件的有关投标报价的要求。

④ 遵守投标报价不得低于成本的要求。

（3）投标总价

投标总价应当与工程量清单构成的分部分项工程费、措施项目费、其他项目费和规费、税金的合计金额一致。

在进行工程量清单招标的投标报价时，不能进行投标总价优惠（或降价、让利），投标人对招标人的任何优惠（或降价、让利）均应反映在相应清单项目的综合单价中。

（4）分部分项工程费用

分部分项工程费用应依据《计价规范》综合单价的组成内容，按招标文件中分部分项工程量清单项目的特征描述确定综合单价的计算。

综合单价指完成一个规定计量单位的分部分项工程量清单项目或措施清单项目所需的人工费、材料费、施工机械使用费和企业管理费与利润，以及一定范围内的风险费用。

综合单价中应考虑招标文件中要求投标人承担的风险费用。由于工程建设周期长，在工程施工中影响工程施工及工程造价的风险因素很多，有的风险是承包人无法预测和控制的。从市场交易的公平性和工程施工过程中发、承包双方权责的对等性考虑，发、承包双方应合理分摊（或分担）风险，所以要求招标人在招标文件中禁止采用所有风险或类似的语句规定投标人应承担的风险内容及其风险范围或风险幅度。此项在《计价规范》招标控制价中有明确表述。投标人应完全承担的风险是技术风险和管理风险，如管理费和利润，应有限度承担的是市场风险，如材料价格、施工机械使用费等的风险，应完全不承担的是法律、法规、规章和政策变化的风险。因此，人工费不宜纳入风险，材料价格的风险宜控制在5％以内，施工机械使用费的风险可控制在10％以内，超过者予以调整，管理费和利润的风险由投标人全部承担。

分部分项工程费用计算方法如下：

分部分项工程费用 $= \sum$ 分部分项清单工程量 $\times$ 综合单价

分部分项工程费用 $= \sum$ 计价定额工程量 $\times$ 计价定额基价

综合单价 $= \dfrac{\text{计价定额工程量} \times \text{计价定额基价}}{\text{分部分项清单工程量}}$

计价定额基价 $=$ 计价定额人工费 $+$ 计价定额材料费 $+$ 计价定额施工机械使用费 $+$ 企业管理费 $+$ 利润

计价定额人工费 $= \sum$ 人工工日 $\times$ 工资单价

计价定额材料费 $= \sum$ 材料消耗费 $\times$ 材料单价

计价定额施工机械使用费 $= \sum$ 机械台班消耗量 $\times$ 台班单价

企业管理费 = 取费基数 $\times$ 管理费率

利润 = 取费基数 $\times$ 利润率

招标文件中提供了暂估的单价计入综合单价。暂估价不得变动和更改,暂估价中的材料必须按照暂估单价计入综合单价。

(5) 措施项目清单计价

措施项目清单计价应根据拟建工程的施工组织设计,将可以计算工程量的措施项目包括规费、税金外的全部费用。

措施项目清单中安全文明施工费应按照国家或省级行业建设主管部门的规定计价,不得作为竞争性费用(强制性规定)。

投标人可根据工程实际情况结合施工组织设计,对招标人所立的措施项目清单进行增补。

措施项目清单费应根据招标文件中的措施项目清单及投标时拟定的施工组织设计或施工方案按规范规定,自主规定。其中,安全文明施工费应按照规范规定确定。

由于各投标人拥有的施工装备、技术水平和采用的施工方法有所差异,招标人提出措施项目清单是根据一般情况确定的,没有考虑不同投标人的不同情况,投标人投标时可根据自身编制的投标施工组织时间(或施工方案)确定措施项目,并可对招标人提供的措施项目进行调整,但应通过评标委员会的评审。

措施项目费计算包括以下内容:

① 措施项目的内容应根据招标人提供的措施项目清单和投标人投标时拟定的施工组织设计或施工方案。

② 措施项目清单费的计价方式应根据招标文件的规定,凡可以精确计量的措施清单项目采用综合单价方式报价,其余的措施清单项目采用以“项”为计量单位的方式报价。

③ 措施项目清单费的确定原则是由投标人自主确定,但其中安全文明施工费应按国家或省级行业建设主管部门的规定确定。

(6) 其他项目清单费

其他项目清单费应按下列规定报价：

① 暂列金额按招标人在其他项目清单中列出的金额填写。

② 材料暂估价按招标人在其他项目清单中列出的单价计入综合单价；专业工程暂估价按招标人在其他项目清单中列出的金额填写。

③ 计日工按招标人在其他项目清单中列出的项目和数量，自主确定综合单价并计算计日工费用。

④ 总承包服务费根据招标文件中列出的内容和提出的要求自主确定。

招标人在工程量清单中提供了暂估价的材料和专业工程属于依法必须招标的，由承包人和招标人共同通过招标确定材料单价与专业工程报价。若材料不属于依法必须招标的，经发、承包双方协调确定价格后计价。若专业工程不属于依法必须招标的，经发包人、总承包人与分包人按有关计价依据进行计价。

a. 暂列金额必须按照其他项目清单中确定的金额填写，不得变动。

b. 暂估价不得变动和更改。暂估价中的材料必须按照暂估单价计入综合单价；专业工程暂估价必须按照其他工程项目清单中确定的金额填写。

c. 计日工的费用必须按照其他项目清单列出的项目和估算的数量，由投标人自主确定各项单价并计算和填写人工、材料、机械使用费。

d. 总承包服务费由投标人依据招标人在招标文件中列出的分包专业工程内容和供应材料、设备情况，按照招标人提出协调、配合与服务要求和施工现场管理需要自主确定总承包服务费。

(7) 规费和税金

规费和税金应按照国家或省级行业建设主管部门的规定计算，不得作为竞争性费用。

规费和税金的计取标准是依据有关法律、法规和政策规定指定的,具有强制性。

四、房屋建筑与装饰工程计量规范

GB 500854—2013《房屋建筑与装饰工程计量规范》适用于房屋建筑与装饰工程施工发、承包计价活动中的工程量清单编制和工程量计算。制定规范的目的是为了规范工程造价计量行为,统一房屋建筑与装饰工程工程量清单的编制、项目设置和计量规则。

① 分部分项工程量清单应包括项目编码、项目名称、项目特征、计量单位和工程量(强制性规定)。这 5 个要件在分部分项工程量清单的组成中缺一不可。

② 分部分项工程量清单应根据附录规定的项目编码、项目名称、项目特征、计量单位和工程量计算规则进行编制(强制性规定)。这是分部分项工程量清单各构成要件的编制依据,主要体现了对分部分项工程量清单内容规范管理的要求。

③ 分部分项工程量清单的项目编码,应采用前 12 位阿拉伯数字表示,1~9 位应按附录的规定设置,10~12 位应根据拟建工程的工程量清单项目名称设置,同一招标工程的项目编码不得有重码(强制性规定)。

a. 各位数字的含义:1,2 位为专业工程代码(01——房屋建筑与装饰工程;02——仿古建筑工程;03——通用安装工程;04——市政工程;05——园林绿化工程;06——矿山工程;07——构筑物工程;08——城市轨道交通工程;09——爆破工程。以后进入国标的专业工程代码以此类推);3,4 位为附录分类顺序码;5,6 位为分部工程顺序码;7,8,9 位为分项工程项目名称顺序码;10~12 位为清单项目名称顺序码(图 2-1)。

例如:010401003002 实心砖墙。

01:房屋建筑与装饰工程。

04:附录 D 砌筑工程。

01:第一分部砖砌体。

003:第三项清单实心砖墙。

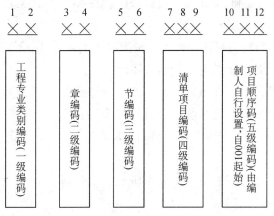

图 2-1 项目编码的意义

002:在本工程中为第 2 个实心砖墙项目。

b. 当同一标段(或合同段)的一份工程量清单中含有多个单位工程且工程量清单是以单位工程为编制对象时,在编制工程量清单时应特别注意对项目编码 10~12 位的设置不得有重码的规定。例如一个标段(或合同段)的工程量清单中含有三个单位工程,每一单位工程中都有项目特征相同的实心砖墙砌体,在工程量清单中又需反映三个不同单位工程的实心砖墙砌体工程量时,则第一个单位工程的实心砖墙的项目编码应为 010401003001,第二个单位工程的实心砖墙的项目编码应为 010401003002,第三个单位工程的实心砖墙的项目编码应为 010401003003,并分别列出各单位工程实心砖墙的工程量。

④ 分部分项工程量清单的项目名称应按附录的项目名称结合拟建工程的实际确定。

⑤ 分部分项工程量清单的项目特征应按附录中规定的项目特征,结合拟建工程项目的实际予以描述。工程量清单的项目特征是确定一个清单项目综合单价不可缺少的重要依据,在编制工程量清单时,必须对项目特征进行准确和全面的描述。但有些项目特征用文字往往又难以准确和全面地描述清楚。因此,为达到

规范、简捷、准确、全面描述项目特征的要求,在描述工程量清单项目特征时应按以下原则进行。

a. 项目特征描述的内容应按附录中的规定,结合拟建工程的实际,能满足确定综合单价的需要。

b. 若采用标准图集或施工图纸能够全部或部分满足项目特征描述的要求,项目特征描述可直接采用详见××图集或××图号的方式。对不能满足项目特征描述要求的部分,仍应用文字描述。

⑥ 分部分项工程量清单中所列工程量应按附录中规定的工程量计算规则计算。

⑦ 分部分项工程量清单的计量单位应按附录中规定的计量单位确定。

⑧ 本规范附录中有两个或两个以上计量单位的,应结合拟建工程项目的实际情况,选择其中一个确定。在同一个建设项目(或标段、合同段)中,有多个单位工程的相同项目计量单位必须保持一致。

⑨ 工程计量时每一项目汇总的有效位数应遵守下列规定:

a. 以 t 为单位,应保留小数点后三位数字,第四位小数四舍五入。

b. 以 m,m^2,m^3,kg 为单位,应保留小数点后两位数字,第三位小数四舍五入。

c. 以"个、件、根、组、系统"为单位,应取整数。

⑩ 编制工程量清单出现附录中未包括的项目,编制人应做补充,并报省级或行业工程造价管理机构备案,省级或行业工程造价管理机构应汇总报住房和城乡建设部标准定额研究所备案。补充项目的编码由本规范的代码 01 与 B 和三位阿拉伯数字组成,并应从 01B001 起顺序编制,同一招标工程的项目不得重码。工程量清单中需附有补充项目的名称、项目特征、计量单位、工程量计算规则、工程内容。

第二节　建筑工程定额

一、建筑工程定额概述

1. 建筑工程定额的概念

建筑工程定额是指在一定的施工条件下,完成规定计量单位合格产品所消耗的人工、材料和施工机械台班的数量标准。

例如,2004 年版某省建筑与装饰工程计价表规定:砌筑每立方米砖基础需用 1.14 工日,红砖 522 块,M5 水泥砂浆 0.242 m^3,水 0.104 m^3,灰浆拌和机 200 L 0.048 台班。

据《辑古纂经》等书记载,我国唐代就已有夯筑城台的用工定额——功。1100 年,北宋著名土木建筑家李诫所著《营造法式》一书,包括了释名、工作制度、功限、料例、图样五部分。其中,"功限"就是各工种计算用工量的规定及现在所说的劳动定额;"料例"就是各工种计算材料用量的规定及现在所说的材料消耗定额。该书实际上是官府颁布的建筑规范和定额,它汇集了北宋以前的技术精华,吸取了历代工匠的经验,对控制供料消耗、加强设计监督和施工管理起到了很大的作用,故该书沿用到明清时期。清工部《工程做法则例》是中国建筑史学界的另一部重要的"文法课本",清代为加强建筑业的管理,于雍正十二年(1734 年)由工部编订并刊行的术书,作为算工算料的规范一直引用至今。

2. 建筑工程定额的分类

建筑工程定额的种类很多,它可以分为以下几大类。

(1) 按生产要素分

建筑工程定额可分为劳动消耗定额、材料消耗定额和机械台班使用定额。这三种定额总称为施工定额。

(2) 按定额的编程程序和用途分

建筑工程定额可分为施工定额、预算定额、概算定额、概算指标、投标估算五种。

① 施工定额:它由劳动定额、机械定额和材料定额三个相对独立的部分组成。

② 预算定额:这是在编制施工图预算时,计算工程造价和计算工程中人工工日、机械台班、材料需要量使用的定额。

③ 概算定额:这是编制扩大初步设计概算时,计算和确定工程概算使用的定额。

④ 概算指标:它是在三个阶段设计的初步设计阶段,编制工程概算、计算和确定工程初步设计概算时所采用的定额。

(3) 按定额的主编单位和管理权限分

建筑工程定额可分为全国统一定额、行业统一定额、地区统一定额、企业定额和补充定额五种。

① 全国统一定额:它是由住房和城乡建设部综合全国工程建设中技术和施工组织管理的情况编制,并在全国范围内执行的定额,如《全国统一建筑工程基础定额》《建设工程工程量清单计价规范》。

② 行业统一定额:它是考虑到各行业部门专业工程技术特点,以及施工生产和管理水平编制的,一般只在本行业和相同专业性质的范围内使用的专业定额,如《矿井建设工程定额》《铁路建设工程定额》。

③ 地区统一定额:它包括省、自治区、直辖市定额。地区统一定额主要是考虑地区性特点和全国统一定额水平做适当调整补充编制的,如某省建筑与装饰工程计价表。

④ 企业定额:它是指由施工企业考虑本企业具体情况,参照国家、部门和地区定额的水平制定的定额。企业定额只在企业内部使用,是企业素质的一个标志。企业定额水平一般应高于国家现行定额,才能满足生产技术发展、企业管理和市场竞争的需要。

⑤ 补充定额:它是指随着设计、施工技术的发展,现行定额不能满足需要的情况下,为了补充缺项所编制的定额。补充只能在指定的范围内使用,可以作为以后修订定额的基础。

3. 建筑工程定额特征

(1) 科学性和系统性

它表现在用科学的态度制定定额,在研究客观规律的基础上,采用可靠的数据,用科学的方法编制定额,利用现代科学管理的成就形成一套系统的、行之有效的、完整的方法。

(2) 法令性和权威性

它表现在定额一经国家或授权机构批准颁发,在其执行范围内必须严格遵守和执行,不得随意变更,以保证全国或地区范围内有一个统一的核算尺度。

(3) 群众性和先进性

它表现在群众是生产消费的直接参加者,通过科学的方法和手段对群众中的先进生产经验和操作方法进行系统分析,从实际出发,确定先进的定额水平。

(4) 稳定性和实效性

它表现在定额的相对稳定是法令性所必需的,也是更有效执行定额所必需的。然而任何一种定额仅能反映一定时期的生产力水平,当生产力水平向前发展许多时,新的定额就将问世了。所以,从一个长期的过程看,定额是不断变化的,具有一定的时效性。

(5) 统一性和区域性

它表现在为了使国家经济能按既定目标发展,定额必须在全国或某地区范围内是统一的。只有这样,才能用一个统一的标准对经济活动进行决策并做出科学合理的分析与评价。

二、施工定额

1. 施工定额的概念

施工定额是以同一性质的施工过程或工序为制定对象,在正常施工条件下,确定完成一定计量单位质量合格的某一施工过程或工序所需人工、材料和机械台班消耗的数量标准。

2. 施工定额的作用

① 施工定额是企业编制施工组织设计和施工作业计划的依据。

② 施工定额是项目经理向施工班组签发施工任务单和限额领料单的基本依据。

③ 施工定额是推广先进技术、提高生产率、计算劳动报酬的依据。

④ 施工定额是编制施工预算,加强企业成本管理和经济核算的基础。

⑤ 施工定额是编制预算定额的基础。

3. 施工定额的组成

施工定额由劳动定额、材料消耗定额、机械台班使用定额三个相对独立的部分组成。

(1) 劳动定额

① 概念。劳动定额也称人工定额,是指在正常施工条件下,生产一定计量单位质量合格的建筑产品所需的劳动消耗量标准。

② 表现形式。劳动定额按其表现形式和用途不同,可分为时间定额和产量定额。

a. 时间定额:时间定额是指某种专业的工人班组或个人,在正常施工条件下,完成一定计量单位质量合格产品所需消耗的工作时间。

时间定额的计量单位一般以完成单位产品(如 m^3、m^2、m、t、个等)所消耗的工日来表示,每工日按 8 h 计算。计算公式如下式所示:

单位产品时间定额(工日) = 需要消耗的工日数 / 生产的产品数量

b. 产量定额:产量定额是指某种专业的工人班组或个人,在正常施工条件下,单位时间(一个工日)完成合格产品的数量。

产品数量的计量单位如 m^3/工日、t/工日、m^2/工日等。计算公式如下式所示:

单位产品产量定额 = 生产的产品数量 / 消耗工日数

c. 时间定额与产量定额的关系:时间定额与产量定额互为倒

数,即

$$时间定额 \times 产量定额 = 1$$

③ 定额时间分析。工人在工作班内消耗的工作时间,按其消耗的性质分为必须消耗的工作时间(即定额时间)和损失时间(即非定额时间)(表2-1)。

表 2-1　工人工作时间分类表

时间性质	时间分类构成	
工人全部工作时间 / 必需消耗的工作时间	有效时间	基本工作时间
		辅助工作时间
		准备与结束工作时间
	不可避免的中断时间	不可避免的中断时间
	休息时间	休息时间
损失时间	多余和偶然工作时间	多余工作的工作时间
		偶然工作的工作时间
	停工时间	施工本身造成的停工时间
		非施工本身造成的停工时间
	违背劳动纪律损失的时间	违背劳动纪律损失的时间

a. 必须消耗的工作时间:它是工人在正常施工条件下,为完成一定数量合格产品所必须消耗的时间。这部分时间属定额时间,包括有效工作时间、不可避免的中断时间、休息时间,是制定定额的主要依据。

b. 损失时间:它是指与产品生产无关而和施工组织、技术上的缺陷有关,与工人在施工过程中的个人过失或某些偶然因素有关的时间消耗,包括多余和偶然工作时间、停工时间、违背劳动纪律而造成的工时损失。

④ 劳动定额确定方法。确定劳动定额的工作时间通常采用技术测定法、经验估计法、统计分析法和比较类推法。

a. 技术测定法:技术测定法是根据先进合理的生产技术、操作工艺和正常施工条件对施工过程中的具体活动进行实地观察，详细记录施工过程中工人和机械的工作时间消耗，完成产品的数量以及有关影响因素，将记录结果加以整理，客观地分析各种因素对产品的工作时间消耗的影响，获得各个项目的时间消耗资料，通过分析计算来确定劳动定额的方法。这种方法准确性和科学性较高，是制定新定额和典型定额的主要方法。

技术测定通常采用的方法有测时法、写实记录法、工作日写实法以及简单测定法。

b. 经验估计法：经验估计法是根据有经验的工人、技术人员和定额专业人员的实践经验，参照有关资料，通过座谈讨论、反复平衡来制定定额的一种方法。

c. 统计分析法：统计分析法是根据过去一定时间内，实际生产中的工时消耗量和产品数量的统计资料或原始记录，经过整理并结合当前的技术、组织条件进行分析研究来制定定额的方法。

d. 比较类推法：比较类推法也称典型定额法，它是以同类型工序、同类型产品的典型定额项目水平为标准，经过分析比较，类推出同一组定额中相邻项目定额水平的一种方法。

⑤ 劳动定额应用。时间定额和产量定额虽是同一劳动定额的两种表现形式，但作用不同，应用中也就有所不同。

时间定额以工日为单位，便于统计总工日数、核算工人工资、编制进度计划；产量定额以产品数量的计量单位为单位，便于施工小组分配任务，签发施工任务单，考核工人的劳动生产率。

（2）材料消耗定额

① 概念。材料消耗定额是指在正常施工条件下，完成单位合格产品所需消耗的一定品种、规格的建筑材料（包括半成品、燃料、配件等）的数量。

② 表现形式。根据材料消耗的情况，可将材料分为实体性消耗材料和周转性消耗材料。它们的使用和计算以及在计价中的地位大不相同。

a. 实体性消耗材料：为必须消耗的损失材料。必须消耗的材料包括直接用于建筑工程的材料(材料净用量)、不可避免的施工废料和材料损耗(材料损耗量)。

$$材料定额耗用量 = 材料净用量 + 材料损耗量$$
$$材料损耗量 = 材料净用量 \times 材料损耗率$$

材料的损耗率通过观测和统计得到。部分常用建筑材料的损耗率见表2-2。

表2-2 常用建筑材料损耗率参考表

材料名称	工程项目	损耗率(%)	材料名称	工程项目	损耗率(%)
普通黏土砖	地面、屋面、空花(斗)墙	1.5	砾(碎)石		3
	基础	0.5	乱毛石	砌墙	2
	实砖墙	2		其他	1
	方砖墙	3·	方整石	砌墙	3.5
	圆砖墙	7	方整石	其他	1
	烟囱	4	碎砖、炉(矿)渣		1.5
	水塔	3.0	珍珠岩粉		4
白瓷砖		3.5	生石膏		2
陶瓷锦砖(马赛克)		1.5	滑石粉	油漆工程用	5
				其他	1
面砖、缸砖		2.5	水泥		2
水磨石板		1.5	砌筑砂浆	砖、毛石砌体	1
大理石板		1.5		空斗墙	5
混凝土板		1.5		泡沫混凝土墙	2
水泥瓦、黏土瓦	(包括脊瓦)	3.5		多空砖墙	10
				加气混凝土块	2
石棉垄瓦(板瓦)		4	混合砂浆	抹天棚	3.0
				抹墙及墙裙	2
砂	混凝土、砂浆	3	石灰砂浆	抹天棚	1.5
白石子		4		抹墙及墙裙	1

(续表)

材料名称	工程项目	损耗率（%）	材料名称	工程项目	损耗率（%）
水泥砂浆	抹天棚、梁柱、腰线	2.5	木材	窗扇、框（包括配料）	6
	抹灰及墙裙	2		镶铁门芯板制作	13.1
	地面、屋面、构筑物	1		镶板门企口板制作	22
素水泥浆		1		木屋架、檩、椽木方	5
混凝土（预制）	柱、基础梁	1			6
	其他	1.5		屋面板瓶口制作	4.4
	二次灌浆	3		屋面板瓶口安装	3.3
	地面、屋面、构筑物	1		木栏杆及扶手	4.7
	其余部分	1.5		封檐板	2.5
细石混凝土		1	模板制作	各种混凝土结构	5
轻质混凝土		2	模板安装	工具式钢模板	1
钢筋（预应力）	后张吊车梁	13		支撑系统	1
	先张高强丝	9	模板制作	圆形储仓	3
钢材	其他部分	6	胶合板、纤维板、吸音板	天棚、间壁墙	5
铁件	成品	1	石油沥青		1
镀锌铁皮	屋面	2	玻璃	配置	15
	排水管、沟	6	清漆		3
铁钉		2	环氧树脂		2.5
电焊条		12			
小五金	成品	1			

　　b. 周转性消耗材料：是指在施工过程中不是一次性消耗掉，能多次使用并基本上保持原来形态，经多次周转使用逐步消耗尽的材料。代表性的周转性的材料有模板、脚手架、钢板桩等。周转性材料的计算按一次摊销的数量即摊销量计算。

周转性材料消耗定额一般与一次性使用量、损耗率、周转次数、回收量、周转使用量有关。周转性材料消耗指标一般用一次性使用量和摊销量表示。

③ 实体性材料消耗定额制定方法。

a. 观测法：观测法又称现场测定法，是对施工过程中实际完成产品的数量与所消耗的各种材料数量进行现场观测、计算而确定各种材料消耗定额的一种方法。观测法常用来测定材料的净用量和损耗量。

b. 实验法：实验法是在实验室内通过专门的实验仪器设备，制定材料消耗定额的一种方法。由于实验室具有比施工现场更好的工作条件，可更深入细致地研究各种因素对材料消耗的影响，故实验法主要用来测定材料的尽用量。

c. 统计法：统计法是根据施工过程中材料的发放和退回数量即完成产品数量的统计资料进行分析计算，以确定材料消耗定额的方法。统计法简便易行，容易掌握，适用范围广，但准确性不高，常用来测定材料的损耗率。

d. 计算法：计算法也称理论计算法，是通过对工程结构、图纸要求、材料规格及特性、施工规范以及施工方法等进行研究，用理论计算拟定材料消耗定额的一种方法。适用于块料、油毡、玻璃、钢材等块体类材料。

（3）施工机械台班定额

① 概念。施工机械台班定额又称施工机械使用定额，是指在正常施工生产和合理使用施工机械条件下，完成单位合格产品所必须消耗的某种施工机械的工作时间标准。其计量单位以台班表示，每个台班按 8 h 计算。

② 表现形式。与劳动定额类似，施工机械台班定额也分为时间定额和产量定额两种。

a. 机械时间定额：机械时间定额是指在正常施工条件下，某种机械生产单位合格产品所消耗的机械台班数量。计算公式如下式所示：

$$机械时间定额 = \frac{1}{机械台班产量定额}$$

配合机械的工人小组人工时间定额计算公式如下式所示：

$$人工时间定额 = \frac{台班内小组成员工日数}{机械台班产量定额}$$

b. 机械台班产量定额：机械台班产量定额是指在合理的施工组织和正常施工条件下，某种机械在每台班内完成质量合格的产品数量。计算公式如下式所示：

$$机械台班产量定额 = \frac{1}{机械时间定额}$$

$$机械台班产量定额 = \frac{台班内小组成员工日数}{人工时间定额}$$

③ 施工机械台班定额的编制。

a. 循环动作机械台班定额。

（a）选择合理的施工单位、工人班组、工作地点、施工组织。

（b）确定机械纯工作 1 h 的正常生产率。

机械纯工作 1 h 的正常循环次数

＝3 600 s/一次循环的正常延续时间

机械纯工作 1 h 的正常生产率

＝ 机械纯工作 1 h 的正常循环次数 × 一次循环生产的产品数量

（c）确定施工机械的正常利用系数：施工机械的正常利用系数是指机械在一个工作班的净工作时间与每班法定工作时间之比，考虑它是将计算的纯工作时间转化为定额时间。

机械的正常利用系数

＝ 机械在一个工作班内纯工作时间 / 一个工作班延续时间（8 h）

（d）施工机械台班定额：施工机械台班定额 ＝ 机械纯工作 1 h 的正常生产率 × 工作班延续时间 × 机械正常利用系数

b. 非循环动作机械台班定额。

（a）选择合理的施工单位、工人班组、工作地点、施工组织。

（b）确定机械纯工作 1 h 的正常生产率：

$$机械纯工作 1 h 的正常生产率 = \frac{工作时间内完成的产品数量}{工作时间（h）}$$

（c）确定施工机械的正常利用系数：

$$机械的正常利用系数 = \frac{机械在一个工作班内纯工作时间}{一个工作班延续时间（8 h）}$$

（d）施工机械台班定额：

$$施工机械台班定额 = 机械纯工作 1 h 的正常生产率 \times$$
$$工作班延续时间 \times 机械正常利用系数$$

三、预算定额

1. 预算定额概述

（1）概念

预算定额是指在正常施工生产条件下，在社会平均生产率的基础上，完成一定计量单位的分部分项工程或结构构件所消耗的人工、材料和施工机械台班的数量标准。

（2）作用

① 预算定额是编制工程标底、招标工程结算审核的指导。

② 预算定额是工程投标报价、企业内部核算、制定企业定额的参考。

③ 预算定额是一般工程（依法不招标工程）编制审核工程预结算的依据。

④ 预算定额是编制建筑工程概算定额的依据。

⑤ 预算定额是建设行政主管部门调解工程造价纠纷、合理确定工程造价的依据。

（3）编制原则

① 平均合理：所谓平均合理，就是在现有社会正常生产条件

下,按照社会平均劳动熟练程度和劳动强度来确定预算定额水平。

② 简明适用:简明适用是指预算定额应具有可操作性,便于掌握,有利于简化工程造价的计算工作和开发应用计算机的计价软件。

③ 技术先进:技术先进是指定额项目的确定、施工方法和材料的选择等,能够正确反映建筑技术水平,及时采用已经成熟并得到普遍推广的新技术、新材料、新工艺,以促进生产水平的提高和建筑技术水平的进一步发展。

2. 预算定额中消耗量的确定

(1) 人工工日消耗量的确定

预算定额中的人工工日消耗量是指完成某一计量单位的分项工程或结构构件所需的各种用工量总和。定额人工工日不分工种、技术等级一律以综合工日表示,其内容包括基本用工、其他用工和人工幅度差。

① 基本用工:指完成单位合格产品所必须消耗的技术工种用工。其计算公式如下式所示:

$$基本用工 = \sum(综合取定的工程量 \times 劳动定额)$$

② 其他用工:通常包括以下两项用工。

a. 超运距用工:它是指预算定额规定的材料、成品、半成品等运距超过劳动定额规定的运距应增加的用工量。计算时先求出每种材料的超运距,然后在此基础上根据劳动定额计算超运距用工。

劳动定额综合按 50 m 运距考虑,如预算定额是按 150 m 考虑的,则增加的 100 m 运距用工就是在预算定额中有而劳动定额中没有的。其计算公式如下式所示:

$$超运距用工 = \sum(超运距材料数量 \times 超运距劳动定额)$$

b. 辅助用工:它是指劳动定额中未包括的各种辅助工序用工。例如砂,市场上购买的砂往往不合要求,根据规定需对其进行筛砂处理,在预算定额中就增加了这类情况下的用工。其计算公式如下式所示:

$$辅助用工 = \sum（材料加工数量 \times 相应的加工劳动定额）$$

因此，其他用工的计算公式为

$$其他用工 = 超运距用工 + 辅助用工$$

③ 人工幅度差：指在劳动定额中未包括而在正常情况下不可避免但又很难准确确定的用工和各种工时损失。其内容包括：

a. 各工种间的工序搭接及交叉作业互相配合或影响所发生的停歇用工。

b. 施工机械在单位工程之间转移及临时水电线路移动所造成的停工。

c. 质量检查和隐藏工程验收工作的影响。

d. 同一现场内单位工程之间班组操作地点转移用工。

e. 工序交接时对前一工序不可避免的修整用工。

f. 施工中不可避免的其他零星用工。

人工幅度差用工的计算公式如下式所示：

$$人工幅度差用工 = （基本用工 + 其他用工）\times 人工幅度差系数$$

人工幅度差系数一般为 $10\% \sim 15\%$。

综上所述，预算定额人工工日消耗量的计算公式如下式所示：

$$人工工日消耗量 = 基本用工 + 其他用工 + 人工幅度差用工$$

（2）材料消耗量的确定

预算定额中的材料分为实体性消耗材料与周转性消耗材料。

与施工定额相似，实体性材料消耗量也是净用量加损耗量，损耗量还是采用净用量乘以损耗率获得，计算的方式和施工定额完全相同，唯一可能存在差异的是损耗率的大小，施工定额是平均先进水平，损耗率较低；预算定额是平均合理水平，损耗率稍高。

周转性消耗材料的计算方法也与施工定额相同，存在差异的一是损耗率（制作损耗率、周转消耗率），二是周转次数。

在实际工作中，由于这两种定额的材料消耗量的确定区别很小,故可以认为这两种定额的材料消耗量的确定方法是一样的。

（3）机械台班消耗量的确定

① 概念:预算定额中的机械台班消耗量是指在正常施工条件下,产生单位合格产品必须消耗的某类某种型号施工机械的台班数量。其确定是在劳动定额或施工定额中相应项目的机械台班消耗量基础上再考虑增加一定的机械幅度差。

② 机械幅度差:指在劳动定额或施工定额所规定的范围内没有包括,但在实际施工中又不可避免产生影响机械效率或使机械停歇的时间。其内容包括:

a. 正常施工组织条件下不可避免的机械空转时间。

b. 施工技术原因的中断及合理停止时间。

c. 因供电供水故障及水电线路移动检修而产生的运转中断时间。

d. 因气候变化或机械本身故障影响工时利用的时间。

e. 施工机械转移及配套机械相互影响损失的时间。

f. 配合机械施工的工人因与其他工种交叉造成的停歇时间。

g. 因检查工程质量造成的机械停歇的时间。

h. 工程收尾和工作量不饱满造成的机械间歇时间等。

③ 机械幅度差台班计算公式如下式所示:

$$机械幅度差台班 = 基本机械台班 \times (1 + 机械幅度差系数)$$

大型机械幅度差系数为:土方机械 25%,打桩机械 33%,吊装机械 30%。垂直运输用的塔吊、卷扬机及砂浆、混凝土搅拌机由于按小组分配,以小组产量计算机械台班产量,不另增加机械幅度差。其他分部工程中如打桩、钢筋加工、木材、水磨石等各项专用机械的幅度差为 10%。

四、预算定额中基础单价的确定

1. 人工工日单价的确定

人工工日单价是指一个建筑工人一个工作日在预算中应计入

的全部人工费用。现行生产工人的工资单价由基本工资、工资性补贴、辅助工资、职工福利费、生产工人劳动保护费五项费用构成。

① 基本工资:指发放给生产工人的基本工资。生产工人基本工资应执行岗位工资和技能工资制度。

② 工资性补贴:指为了补偿生产工人额外或特殊的劳动消耗及为了保证工人的工资水平不受特殊条件影响,而以补贴形式支付工人的劳动报酬,包括按规定标准发放的物价补贴,煤、燃气补贴,交通补贴,住房补贴,流动施工单位津贴等。

③ 辅助工资:指生产工人年有效施工天数以外非作业天数的工资,包括职工学习、培训期间的工资,调动工作、探亲、休假期间的工资,因气候影响的停工工资,女工哺乳时间的工资,病假在 6 个月以内的工资及产、婚、丧假期间的工资。

④ 职工福利费:指按规定标准计提的职工福利费。

⑤ 生产工人劳动保护费:指按规定标准发放的劳动保护用品的购置费及修理费、徒工服装补贴、防暑降温费、在有碍身体健康环境中施工的保健费等。

由于在工程造价管理方面长期实行的是“统一领导,分级管理”的体制,各地区的人工工资单价组成内容并不完全相同,但其中每一项内容都是根据国家和地方有关法规、政策文件的精神,结合本地的行业特点和社会经济水平,通过反复测算最终确定,由各地建设行政主管部门或其授权的工程造价管理机构以预算工资单价的形式确定计算人工费的工资单价标准。以某省建筑与装饰工程计价表为例,既考虑到市场需要,也为了便于计价,对于包工包料建筑工程,人工工资分别按一类工 28.00 元/工日、二类工 26.00 元/工日进行调整后执行;家庭室内装饰执行该计价表时,人工乘以系数 1.15。

为了及时反映建筑市场劳动力使用情况,知道建筑单位、施工单位的工程发包承包活动,各地工程造价管理机构定期发布建筑工种成本信息(表 2 - 3)。

表 2-3　某市 2009 年 5，6 月建筑工种人工成本信息

工种	月工资（元）	日工资（元）	工种	月工资（元）	日工资（元）
建筑、装饰工种普工	1 770	59	防水工	1 920	64
木工（模板工）	2 160	72	油漆工	1 920	64
钢筋工	2 070	69	管工	1 980	66
混凝土工	1 920	64	电工	1 980	66
架子工	2 010	67	通风工	1 920	64
砌筑工（砖瓦工）	1 920	64	电焊工	2 190	73
抹灰工（一般抹灰）	2 100	70	起重工	2 070	69
抹灰、镶嵌工	2 160	72	玻璃工	1 950	65
装饰木工	2 370	79	金属制品安装工	2 160	72

2. 材料预算价格的确定

材料预算价格是指材料（包括构件、成品及半成品等）从其来源地（或交货地点、供应者仓库提货地点）到达施工工地仓库（施工地点内存放材料的地点）后出仓的综合平均价格。

在建筑工程中，材料费是工程直接费的主要组成部分，占工程总价的 50%～60%，金属结构工程中所占比重还要大。合理确定材料预算价格构成正确编制材料预算价格，有利于合理确定和有效控制工程造价。

（1）材料预算价格的组成

材料预算价格由材料原价、供销部门手续费、包装费、运杂费和采购及保管费组成。

① 材料原价：指材料的出厂价格，或者是销售部门供应价和市场采购价格（或信息价）。

对同一种材料因来源地、交货地、供货单位、生产厂家不同，而有几种价格（原价）时，根据不同来源地供货数量比例，采取加权平均的方法确定其综合原价。计算公式如下式所示：

$$材料原价总值 = \sum (各次购买量 × 各次购买价)$$

加权平均价 ＝ 材料原价总值／材料总量

② 供销部门手续费：对于某些特殊材料国家进行统管不允许自由买卖，必须通过特定的部门进行买卖，这些部门将在材料原价的基础上收取一定的费用，这种费用即供销部门手续费。现在的建筑工程使用的绝大部分材料都属于自由买卖的，不需计算该项费用。

③ 包装费：为了便于材料运输和保护材料进行包装所发生和需要的一切费用称为包装费。

材料包装费用有两种情况：一是包装费已计入材料原价内，不再另行计算；二是材料原价中未包含安装费，如需包装时包装费另行计算。但不论是哪一种情况，对周转使用的耐用包装品或生产厂为节约包装品的材料规定回收者，应合理确定周转次数，按规定从材料价格中扣回包装品的回收价值。由于供销部门手续费和包装费在目前的建筑材料中出现的较少，所以经常将上述二种费用合成为材料原价。

④ 运杂费：指材料从来源地运至工地仓库或指定堆放地点所发生的全部费用，包括材料由采购地点或发货地点至施工现场的仓库或工地存放地点含外埠中转运输过程中所发生的一切费用或过境过桥费。

在确定运杂费时，取费标准应根据材料的来源地、运输里程、运输方法并根据国家有关部门或地方政府交通运输部门规定的运价标准分别计算；同一品种的材料有若干个来源地，材料运杂费应加权平均。

⑤ 采购及保管费：指为组织采购、供应和保管材料过程中所需要的各项费用，它包括采购费、仓储费、工地保管费、仓储损耗。

采购保管费一般按材料到仓价格（材料原价＋供销部门手续费＋包装费＋运杂费）的比率取定。一般规定：采购及保管费费率，建设材料一般为2％，其中采购、保管费率各为1％。由建筑单位供应的材料，施工单位只收取保管费。

（2）材料预算价格的确定

① 原材料价格的确定:预算定额中原材料的价格确定就是按照五大组成部分形成的。

② 建筑材料价格确定:建筑工程材料品种多、耗量大,各分部分项工程所需材料的品种、数量、价格都不尽相同,为便于计算工程造价,工程造价管理机构在发布材料预算价格时,需进行材料预算价格取定工作,即在一般工程材料预算价格基础上进行必要的扩大和综合。

3. 施工机械台班单价确定

正确制定施工机械台班单价是合理控制工程造价的一个重要方面。为此,原建设部于 2001 年发布了《全国统一施工机械台班费用编制规则》,各地据此编制了本地区使用的施工机械台班费用定额。

施工机械台班单价由七项费用组成,包括折旧费、大修理费、经常修理费、安拆费及场外运费、人工费、燃料动力费、养路费及车船使用税。

① 折旧费:折旧费指施工机械在规定的使用年限内,陆续收回其原值及购置资金的时间价值。

② 大修理费:大修理费指施工机械按规定的大修理间隔台班进行必要的大修理,以恢复其正常功能所需的费用。

③ 经常修理费:经常修理费指施工机械除大修理费之外的各级保养和临时故障排除所需的费用。包括为保障机械正常运转所需替换设备与随机配备工具、附件的摊销和维护费用,机械运转中日常保养所需润滑与擦拭的材料费用及机械停置期间的维护和保养费用等。

④ 安拆费及场外运费:安拆费指施工机械在现场进行安装与拆卸所需的人工、材料、机械和试运转费用,以及机械辅助设施的折旧、搭设、拆除等费用;场外运费指施工机械整体或分体自停放地点运至施工现场,或由一施工地点运至另一施工地点的运输、装卸、辅助材料及架线等费用。

⑤ 人工费：人工费指机上司机(司炉)和其他操作人员的工作日人工费及上述人员在施工机械规定的年工作台以外的人工费。

工作台班以外机上人员人工费，以增加机上人员的工作数形式列入定额内。

⑥ 燃料动力费：燃料动力费是指施工机械在运转作业中所消耗的固体燃料(煤、木柴)、液体燃料(汽油、柴油)及水、电等的费用。

定额机械燃料动力消耗量，以实测的消耗量为主，以现行定额消耗量和调查的消耗量为辅的方法确定。

⑦ 养路费及车船使用税：养路费及车船使用税是指施工机械按国家规定和有关部门规定缴纳的养路费、车船使用税、保险费及年检费等。

养路费及车船使用税指按照国家有关规定应交纳的养路费和车船使用税，按各地具体规定标准计算后列入定额。

机械台班定额中考虑了施工中不可避免的机械停置时间和机械的技术中断原因，但特殊原因造成机械停置，可以计算停置台班费。停置台班费一般取折旧费加人工费。

应当指出，一天 24 h，工作台班最多可算 3 个台班费，但最多只能算 1 个停置台班。

五、华东某省建筑与装饰工程计价表及应用实例

为了很好地贯彻执行住房和城乡建设部《建设工程工程量清单计价规范》，适应建筑工程计价改革的需要，全国各地区建设部门都对该地区的预算定额进行了调整。本任务主要以××省为例，介绍《××省建筑与装饰工程计价表》(2004 年版)(以下简称计价表)的适用范围、编制依据、组成、作用和相关规定等。

1. 计价表的适用范围、作用、编制依据、组成

(1) 适用范围

作为地区性定额，该计价表适用于××省行政区域范围内一般工业与民用建筑的新建、扩建、改建工程及其单独装饰工程，不

适用于修缮工程。全部使用国有资金投资或国有资金投资为主的建筑与装饰工程应执行该计价表；其他形式投资的建筑与装饰工程可参照使用该计价表；当工程施工合同约定按计价表规定计价时，应遵守该计价表的相关规定。

计价表中未包括的拆除、铲除、拆换、零星修补等项目，应按照《××省房屋修缮工程预算定额》(1999 年)及其配套费用定额执行；未包括的水电安装项目按照《××省安装工程计价表》(2004年)及其配套费用计算规则执行。

（2）作用

① 是编制工程标底、招标工程结算审核的指导。

② 是工程投标报价、企业内部核算、预定企业定额的参考。

③ 是一般工程(依法不招标工程)编制与审核工程预结算的依据。

④ 是编制建筑工程概算定额的依据。

⑤ 是建设行政主管部门调解工程造价纠纷、合理确定工程造价的依据。

（3）编制依据

①《全国统一建筑工程基础定额》(GDJ 101—1995)。

②《建筑工程工程量清单计价规范》(GB 50500—2013)。

③《全国统一施工机械台班费用编制规则》(2001 年版)。

④《××省建筑与装饰工程计价表》(2004 年版)。

⑤《全国统一建筑装饰装修工程消耗量定额》(GYD 901—2002)。

⑥《××省施工机械台班 2007 年单价表》。

（4）计价表的组成

① 章节：计价表由 23 章及 9 个附录组成。其中，第一至十八章为工程实体项目，第十九至二十三章为工程措施项目。另有部分难以列出定额项目的措施费用，应按照计价表费用计算规则中的规定进行计算。

② 单价：计价表采用综合单价形式，由人工费、材料费、机械费、管理费、利润五项费用组成。一般建筑工程的管理费与利润，

按照三类工程标准计入综合单价内,一、二类工程和单独装饰工程等,应根据有关费用计算规则规定,对管理费和利润进行调整后计入综合单价内。

2. 华东某省计价表示例

计价表中每一个子目有一个编号,编号的前一位数字代表章号,后面的数字为子目编号,从1开始顺序编号。如327代表第三章第27个子目。查阅后就可获得327的进一步信息(表2-4和表2-5)。

表2-4　砖墙外墙定额子目示例

工作内容:① 清理地槽、递砖、调制砂浆、砌砖。
　　　　② 砌砖过梁,砌平拱,模板制作、安装、拆除。
　　　　③ 安放预制过梁板、垫块、木砖。

计量单位:m³

定额编号		单位	单价	3-27		3-39		3-30	
项目				1/2砖外墙		1砖外墙		1砖弧形外墙	
				标准砖					
				数量	合价	数量	合价	数量	合价
综合单价		元		205.95		197.7		210.6	
其中	人工费	元		41.34		35.88		41.08	
	材料费	元		146.49		145.22		151	
	机械费	元		2.06		2.42		2.42	
	管理费	元		10.85		9.58		10.88	
	利润	元		5.21		4.5		5.22	
二类土		工日	26	1.59	41.34	1.38	35.88	1.58	41.08
材料	201008 标准砖 240mm×115mm×53mm	百块	21.42	5.6	119.95	5.36	114.81	5.63	120.59
	301023 水泥32.5级	kg	0.28			0.3	0.08	0.3	0.08
	401035 周转材料	m³	1 249			0.000 2	0.25	0.000 2	0.25
	511533 铁钉	kg	3.6			0.002	0.01	0.002	0.01
	613206 水	m³	2.8	0.112	0.31	0.107	0.3	0.107	0.3
机械	6016 灰浆拌合机200 L	台班	51.43	0.04	2.06	0.05	0.3	0.047	2.42

(续表)

	小计				163.66		153.75			164.73
1	012004	水泥砂浆M10	m³	132.86	0.199	26.44	0.234	31.09	0.234	31.09
		合计				190.1		184.84		195.82
2	012003	水泥砂浆M7.5	m³	124.46	0.199	24.77	0.234	29.12	0.234	29.12
		合计				188.43		182.87		193.85
3	012002	水泥砂浆M5	m³	122.78	0.199	24.77	0.234	28.73	0.234	28.73
		合计				188.9		182.48		193.46
4	012008	水泥砂浆M10	m³	137.5	0.199	27.36	0.234	32.18	0.234	32.18
		合计				191.02		185.93		196.91
5	012007	水泥砂浆M7.5	m³	131.32	0.199	26.23	0.234	30.85	0.234	30.85
		合计				189.89		184.6		195.58
6	012006	水泥砂浆M5	m³	127.22	0.199	25.32	0.234	29.77	0.234	29.77
		合计				188.98		183.52		194.5

注：砖砌圆形水池按弧钢筋制作、形外墙定额执行。

表 2-5 《××省建筑与装饰工程计价表》现浇构件钢筋定额项目示例

工作内容：钢筋制作、绑扎、安装、焊接固定，浇捣混凝土时钢筋维护。

计量单位：t

定额编号			4-1		4-2		4-3	
			现浇混凝土构件钢筋					
项目	单位	单价	直径(mm)					
			Φ12		Φ25 以内		Φ25 以外	
			数量	合价	数量	合价	数量	合价
综合单价	元		3 421.48		3 241.82		3 165.54	
其中	人工费	元	330.46		166.14		118.04	
	材料费	元	2 889.53		2 898.58		2 902.95	
	机械费	元	57.83		84.40		73.63	
	管理费	元	97.07		62.64		47.92	
	利润	元	46.59		30.06		23.00	

(续表)

		二类工	工日	26.00	12.71	330.46	6.39	166.14	4.54	118.04
材料	502018	钢筋(综合)	t	2 800.0	1.02	2 856.00	1.02	2 856.00	1.02	2 856.00
	510127	镀锌铁丝22#	kg	3.90	6.85	26.72	1.95	7.61	0.87	3.39
	509006	电焊条	kg	3.60	1.86	6.70	9.62	34.63	12.00	43.20
	612306	水	m³	2.80	0.04	0.11	0.12	0.34	0.13	0.36
机械	07001	钢筋调直机Φ40 mm	台班	31.96	0.001	0.03				
	05010	电动卷扬机单筒慢速5 t	台班	79.94	0.308	24.62	0.119	9.51		
	07002	钢筋切断机Φ40 mm	台班	39.44	0.114	4.50	0.096	3.79	0.09	3.55
	07003	钢筋弯曲机Φ40 mm	台班	22.13	0.458	10.14	0.196	4.34	0.13	2.88
	13096	交流电焊机30 kV·A	台班	111.25	0.131	14.57	0.489	54.40	0.485	53.96
	09010	对焊机75 kV·A	台班	147.16	0.027	3.97	0.084	12.36	0.09	13.24

注：层高超过 3.6 m，在 8 m 内人工乘系数 1.03，12 m 内人工乘系数 1.08，12 m 以上人工乘系数 1.13。为了方便和简化发、承包双方的工程量计量，计价表下册在附录中列出了混凝土构件的钢筋含量表，供参考使用。竣工结算时，使用含钢量者，钢筋应按设计图纸计算的质量进行调整。

表 2-6 为《××省建筑与装饰工程计价表》的现浇混凝土(现场制作混凝土)定额子目实例。

从表 2-6 中可以看到，1 m³ 混凝土构件的混凝土消耗量为 1.015 m³，其中 1 m³ 为混凝土净用量，损耗量为 1.5%。

表 2-6 工作内容同它前页的现浇混凝土柱工作内容一致，都是混凝土搅拌、水平运输、浇捣、养护。

表 2-6　现场制作混凝土现浇梁定额

工作内容:混凝土搅拌、水平运输、浇捣、养护。

计量单位:m³

定额编号			5-17		5-18		5-19	
项目	单位	单价	基础梁、地坑支撑梁		单梁、框架梁、连续梁		异形梁、挑梁	
			数量	合价	数量	合价	数量	合价
综合单价	元		251.44		259.38		262.51	
其中	人工费	元	19.76		36.40		38.48	
	材料费	元	200.66		201.13		201.41	
	机械费	元	17.30		6.12		6.12	
	管理费	元	9.27		10.63		11.15	
	利润	元	4.45		5.10		5.35	
材料	二类工	工日	26.00	0.76	19.76	1.04	36.40	1.48	38.48
	605155 塑料薄膜	m²	0.86	1.05	0.90	1.27	1.09	1.23	1.06
	613206 水	m³	2.08	1.43	4.00	1.53	4.28	1.64	4.59
机械	06016 混凝土搅拌机 400 L	台班	83.39	0.057	4.75	0.057	4.75	0.057	4.75
	15004 混凝土震动器(插入式)	台班	12.00	0.114	1.37	0.114	1.37	0.114	1.37
	04030 激动翻斗车 1 t	台班	85.35	0.131	11.18				
	小计				41.95				
1	001026 现浇 C20 混凝土 合计	m³	172.42	1.015	175.01 216.97	1.015	175.01 222.90	1.015	175.01 225.26
2	001027 现浇 C25 混凝土 合计	m³	186.50	1.015	189.30 231.26	1.015	189.30 237.19	1.015	189.30 239.55
3	001030 现浇 C30 混凝土 合计	m³	192.87	1.015	195.76 237.72	1.015	195.76 243.55	1.015	195.76 246.01
4	001031 现浇 C35 混凝土 合计	m³	206.31			1.015	209.40 257.29	1.015	209.40 259.65

注:弧形梁按相应的直形梁子目执行,大于10°的斜梁按相应子目人工乘系数
1.10,其余不变。

表 2-7 为《××省建筑与装饰工程计价表》措施项目中的混凝土柱模板定额子目示例。

为了方便和简化发、承包双方的工程量,计价表在附录中列出了混凝土构件的模板含量表,供参考使用。按设计图纸计算模板接触面积或使用含模量折算模板面积,同一工程两种方法仅能使用其中一种,不得混用。竣工结算时,使用含模量者,模板面积不得调整。

表 2-7 混凝土柱模板定额

工作内容:① 钢模板安装、拆除、清理、刷润滑剂、场外运输。
② 模板及复合模板制作、安装、拆除、刷润滑剂、场外运输。

计量单位:10 m²

定额编码				20-25		20-26		20-28	
项目		单位	单价	矩形柱				L形柱、T形柱、十字形柱	
				组合钢模板		复合木模板		复合木模板	
				数量	合价	数量	合价	数量	合价
综合单价		元		3 421.48		3 241.82		3 165.54	
其中	人工费	元		330.46		166.14		118.04	
	材料费	元		2 889.53		2 898.58		2 902.95	
	机械费	元		57.83		84.40		73.63	
	管理费	元		97.07		62.64		47.92	
	利润	元		46.59		30.06		23.00	
二类工		工日	26.00	4.03	104.78	3.22	83.72	4.84	125.84
材料	513287 组合钢模板	kg	4.00	6.73	26.92				
	405015 复合木模板 18 mm	m²	24.00			2.20	52.80	2.20	52.80
	511366 零星卡具	kg	3.80	3.55	13.49	1.77	6.73	2.13	8.09
	504098 钢支撑(钢管)	kg	3.10	3.57	11.07	3.57	11.07	3.57	11.07
	401035 周转木材	m³	1 249.00	0.032	38.72				
	511533 铁钉	kg	3.60	0.32	1.15	0.97	3.49		

(续表)

		镀锌铁丝22#	kg		0.12		0.12	0.12
	510127	回库修理、保养费	元	3.90	0.03	3.04	0.03	1.52	0.03	1.67
		其他材料费	元			9.60		9.60		9.60
机械	04004	载重汽车4 t	台班	249.46	0.032	7.98	0.016	3.99	0.018	4.49
	03017	汽车式起重机5 t起重量	台班	410.48	0.022	9.03	0.011	4.52	0.012	4.93
	07012	木工圆锯机Φ500 mm以内	台班	24.28	0.012	0.29	0.035	0.85	0.042	1.02

注：周长大于 3.60 m 的柱，每 10 m² 模板另增对穿螺栓 7.46 kg。

3. 华东某省计价表的应用

（1）直接套用

当实际施工做法、人工、材料、机械价格与定额水平完全一致，或虽有不同但为了强调定额的严肃性，在定额总说明和各分部说明中均提出不准换算的情况下采用完全套用，直接使用定额中的所有信息。

在编制施工图预算的过程中直接套用计价表应注意以下两点：

① 根据施工图纸的设计说明和做法说明，选择定额子目。

② 从工程内容、技术特征和施工方法等方面仔细核对项目后正确确定与之相对应的信息。

（2）换算规则

① 换算产生原因：当实际施工做法、人工、材料、机械与定额有出入，且定额规定允许换算，即根据两者的不同换算出实际做法的综合单价。此时，应在进行换算的子目定额编号后添加"换"字。

② 换算原则：为了保持预算定额的水平，在计价表的说明中规定了如下有关换算的原则。

a. 计价表按 C25 以下的混凝土以 32.5 级水泥、C25 以上的混凝土以 42.5 级水泥、砌筑砂浆与抹灰砂浆以 32.5 级水泥的配合比列入综合单价,混凝土实际使用水泥级别与计价表取定不符时,竣工结算时以实际使用的水泥级别按配合比的规定进行调整;砌筑、抹灰砂浆厚度、配合比与计价表取定不符,除各章已有规定外均不调整。

b. 计价表各章项目综合单价取定的混凝土、砂浆强度等级,设计与计价表不符时可以调整。抹灰砂浆厚度、配合比与计价表取定不符,除各章已有规定外均不调整。

c. 所有调整必须按计价表相应的规定进行。

③ 换算类型。

a. 砂浆换算:如砌筑砂浆换算强度等级等。

b. 混凝土换算:如换算构件混凝土、楼地面混凝土的强度和混凝土类型等。

c. 系数换算:按计价表相关规定对定额子目中的人工费、机械费乘以各种系数的换算。

d. 其他换算:除上述三种情况以外,按计价表规定的换算。

④ 换算思路:根据施工图设计要求选定计价表中的项目,在此基础上按规定换入增加的费用减去扣除或调减的费用。表达式为

换算后的综合单价 = 原综合单价 + 换入的费用 - 换出的费用

【例 2 - 1】某工地有 M10 水泥砂浆砌直形砖基础,工程量为 189.18 m³,试计算该砖基础的综合单价。

解:此案例为砌筑砂浆强度等级不同而进行的换算。

查计价表"砌 102"定额编号(3 - 1)得:M5 水泥砂浆直形砖基础综合单价为 185.8 元/m³。

M10 水泥砂浆砌直形砖基础综合单价为:

定额编号(3 - 1)换 = 185.8 + 0.242 × 132.86 - 29.71 = 188.24(元/m³),

或 $(3-1)$ 换 $= 185.8 + (176.36 - 173.93) = 188.24(元/m^3)$。

【例 2 - 2】 某工程有 C30 圈梁 18.86 m^3，试计算该圈梁的综合单价。

解： 此案例为混凝土强度等级不同而进行的换算。

查计价表"混凝土 153"定额编号(520)得：现浇混凝土 C20 圈梁综合单价为 263.6 元/m^3。

混凝土 C30 圈梁综合单价为：

定额编号(520) 换 $= 263.6 + 1.015 \times 192.87 - 180.07 = 279.29(元/m^3)$。

【例 2 - 3】 某三类工程的全现浇框架主体结构净高为 4.8 m，采用组合钢模板，试计算该框架柱、有梁板的组合钢模板而进行的换算。

解： 此案例为人工乘以相应系数而进行的换算。

2004 版计价表"模 897"第 4 条规定：现浇钢筋混凝土柱、梁、墙、板的支模高度以净高(底层无地下室者需另加室内外高差)在 3.6 m 以内为准，净高超过 3.6 m 的构件其钢支撑、零星卡具及模板人工应分别乘以相应系数进行调整。

矩形柱组合钢模板综合单价：

$(2\,025)$ 换 $= 271.36 + 0.07 \times (13.49 + 11.07) + 104.78 \times 0.05 \times 1.37 = 280.26(元/10\ m^2)$。

有梁板组合钢模板综合单价：

$(2\,056)$ 换 $= 232.04 + 0.07 \times (13.76 + 17.95) + 71.5 \times 0.05 \times 1.37 = 239.16(元/10\ m^2)$。

【例 2 - 4】 某单独装饰企业承担一房屋的内装修，其中天棚为纸面石膏板面层(平面)，试计算该项子目的综合单价。

解： 此案例为管理费率和利润率发生改变而进行的换算。

依据该省 2009 版费用定额知：该企业管理费率和利润率分别为 42% 和 15%。计价表综合单价中管理费率和利润率分别按 25% 和 12% 计取，所以综合单价换算如下：

$(1\,454)$ 换 $= 206.43 + 34.72 \times (42\% - 25\% + 15\% - 12\%)$

$= 213.37(元 / 10\ m^2)$。

第三节　概算及审计工作流程

一、概算定额概述

1. 概算定额的概念

概算定额是指在正常的施工生产条件下，完成一定计量单位的工程建设产品(扩大结构构件或分部扩大分项工程)所需要的人工、材料、机械台班消耗的数量及其费用标准。

2. 概算定额的作用

① 概算定额是编制概算、修正概算的主要依据。

② 概算定额是编制主要物资订购计划的依据。

③ 概算定额是对设计方案进行经济分析的依据。

④ 概算定额是编制标底的依据和投标报价的参考。

⑤ 概算定额是编制概算指标和投资估算的依据。

3. 概算定额的特点

(1) 法令性

概算定额是国家及其授权机关颁布并执行的，作为业主或投资方控制工程造价的重要依据，因而它具有一定的法令性。

(2) 专业性

概算定额按照不同的专业划分为多种类别，如《建筑工程概算定额》《安装工程概算定额》《公路工程概算定额》《电力工程建设概算定额》等，形成了覆盖各个专业领域的概算定额体系。

(3) 实用性

概算定额是在预算定额的基础上，根据典型工程调查测算资料取定各分部、分项工程含量，把预算定额中几个相关项目合并成一个项目，将定额项目综合扩大或者改变部分计算单位，以达到实用的目的。

(4) 简洁性

概算定额所对应的是初步设计文件,由于设计的深度所限,要求概算定额一定要简洁明了,具有较强的综合能力。如:在概算定额中,对于工程项目或整个建筑物的概算造价影响不大的零星工程,可以不计算其工程量,而按占主要工程价值的百分比计算,这样既适应设计深度的需要,又可以简化概算的编制工作。

4. 概算定额的内容和形式

(1) 概算定额的内容

按专业特点和地区特点编制的概算定额册,其内容与预算定额基本相同,由文字说明、定额项目表格及附录三部分组成。

① 文字说明:文字说明中包括总说明和分册、章(节)说明等。在总说明中,要说明编制的目的和依据、所包括的内容和用途、使用的范围和应遵守的规定,以及建筑面积的计算规则。分册、章(节)说明等规定了分部分项工程的工程量计算规则等。

② 定额项目表:定额项目表由项目表、综合项目及说明组成。项目表是概算定额的主要内容,它反映了一定计量单位的扩大分项工程或扩大结构构件的主要材料消耗量标准及概算单价。综合项目及说明规定了概算定额所综合扩大的分项工程内容,这些分项工程所消耗的人工、材料及机械台班数量均已包括在概算定额项目内。

③ 附录:附录一般列在概算定额手册之后,通常包括各种砂浆、混凝土配合比表及其他相关资料。

(2) 概算定额的表现形式

现行的概算定额一般是以行业或地区为主编制的,表现形式不尽一致,但其主要内容均包括人工、材料、机械的消耗量及其费用指标,有的还列出概算定额项目所综合的预算定额内容。

(3) 概算定额应用规则

在应用概算定额时,应符合一定的规则,概算定额的应用规则如下:

① 符合概算定额规定的应用范围。

② 工程内容、计量单位及综合程度应与概算定额一致。

③ 必要的调整和换算应严格按定额的文字说明和附录进行。

④ 避免重复计算和漏项。

⑤ 参考预算定额的应用规则。

5. 概算定额的编制原则

概算定额的编制原则主要体现在以下三个方面：

（1）概算定额的编制深度

概算定额的编制深度，要适应设计的要求。概算定额是初步设计阶段计算工程造价的依据，在保证设计概算质量的前提下，概算定额的项目划分应简明和便于计算。要求计算简单和项目齐全，但它只能综合，而不能漏项。在保证一定准确性的前提下，以主体结构分部工程为主，合并相关联的子项，并考虑应用电子计算机编制概算的要求。

（2）概算定额的幅度差

概算定额在综合过程中，应使概算定额与预算定额之间留有余地，即两者之间有一定的允许幅度差，一般应控制在 5% 以内，这样才能使设计概算起到控制施工图预算的作用。

（3）概算定额水平

为了稳定概算定额水平、统一考核和简化计算工作量，并考虑扩大初步设计图纸的深度条件，概算定额的编制尽量不留活口或少留活口。概算定额的编制水平与预算定额一样，也是社会平均先进水平，反映一定地区平均生产力水平，是大多数劳动者通过努力能够达到的社会平均先进水平。

6. 概算定额的编制依据

由于概算定额与预算定额相比，其适用范围不同，其编制依据与预算定额相比也略有区别。概算定额的编制依据一般有以下几种：

① 现行的设计标准规范。

② 现行的预算定额。

③ 现行的建筑安装工程单位估价表。

④ 国务院各有关部门和各省、自治区、直辖市批准颁发的标准设计图集和有代表性的设计图纸等。

⑤ 现行的概算定额及其编制资料。

⑥ 编制期人工工资标准、材料预算价格、机械台班费用等。

7. 概算定额的编制步骤与方法

编制概算定额的方法与步骤和编制预算定额的方法与步骤基本相同,所以其编制原理可参考预算定额的编制原理。概算定额的编制步骤一般分为以下几个阶段。

(1)准备阶段

主要是成立编制机构,确定组成人员,进行调查研究,了解现行概算定额执行情况及存在问题,明确编制范围及编制内容等。在此基础上,制定概算定额的编制细则和定额项目划分标准。

(2)编制阶段

根据已制定的编制细则、定额项目划分标准和工程量计算规则,对收集到的设计图纸、技术资料,进行细致的测算和分析,编制出概算定额初稿;将该初稿的定额总水平与预算定额水平相比较,分析两者在水平上的一致性,并进行必要的调整。审查报批阶段在征求意见修改之后,形成审批稿,再经批准后即可交付印刷。

二、工程审计流程及方法

1. 工程审计工作流程

① 收集整理资料目录:资料要求全面、充分并能满足工程造价计量、取定需要。

a. 设计图纸、图纸会审、施工图纸、竣工图纸。

b. 施工图预算、招标控制价、工程结算。

c. 施工合同、补充合同、补充协议。

d. 造价工程师证和造价员证。

e. 招标文件及投标文件、招标答疑及施工许可证。

f. 工程设计变更、现场签证单、工程联系函、隐蔽工程记录、材料签价单、工程实物及有关联系函等。

② 收集计价依据及相关基础数据。

③ 熟悉资料,有针对性地踏勘现场,进行必要的实测实量。

④ 进行工程量的计算与校核。

⑤ 进行材料价格、取费标准的审核。

⑥ 对提供资料中的疑点、竣工图与实际踏勘现场不符等写出书面报告交被审单位征求意见。

⑦ 将有争议问题提交讨论,召开多方协商形成会议纪要,如有造价政策方面争议提请造价政策主管部门核定。

⑧ 完成初步审核结果,组织与施工方核对,调整结果(初稿),并对其中不确定的造价做对比分析,拿出审核意见。

2. 工程结算审计的常用方法

为实现工程结算的快速审查,就要按照从粗到细、对比分析、查找误差、简化审查的原则,对编制的工程结算采用对比、逐项筛选和利用统筹法原理迅速匡算等技巧、方法,使审计工作达到事半功倍的实效。

(1)全面审计法

全面审计法是指按照国家或行业建筑工程预算定额的编制顺序或施工的先后顺序,逐一对全部项目进行审查的方法。其具体计算方法和审查过程与编制施工图预算基本相同。首先,根据竣工图全面计算工程量。然后,将本人计算的工程量与审核对象的工程量一一进行对比。同时,根据定额或单位估价表逐项核实审核对象的单价。此方法的优点是全面、细致,经审计的工程造价差错比较少、质量比较高,审核后的施工图预结算准确度较高。缺点是工作量较大。对于工程量比较小、工艺比较简单、造价编制或报价单位技术力量薄弱,甚至信誉度较低的单位须采用全面审计法。

(2)分组计算审计法

分组计算审计法是指把工程结算中的项目划分为若干组,并把相连且有一定内在联系的项目编为一组,审查或计算同一组中某个分项工程量,利用工程量间具有相同或相似计算基础的关系,判断同组中其他几个分项工程量计算的准确程度的方法。

① 地槽挖土、基础砌体、基础垫层、槽坑回填土、运土:在该分组中,先将挖地槽土方、基础砌体体积(室外地坪以下部分)、基础垫层计算出来,而槽坑回填土、外运的体积按下式确定:

$$回填土量 = 挖土量 - (基础砌体 + 垫层体积)$$
$$余土外运量 = 基础砌体 + 垫层体积$$

② 底层建筑面积、地面面层、地面垫层、楼面面层、楼面找平层、楼板体积、天棚抹灰、天棚刷浆、屋面面层:在该分组中,先把底层建筑面积、楼(地)面面积计算出来。而楼面找平层、天棚抹灰、刷涂料的工程量与楼(地)面面积相同;垫层工程量等于地面面积乘垫层厚度;空心楼板工程量由楼面工程量乘楼板的折算厚度;底层建筑面积加挑檐面积乘坡度系数(平层面不乘)就是屋面工程量;底层建筑面积乘坡度系数(平层面不乘)再乘保温层的平均厚度为保温层工程量。

③ 内墙外抹灰、外墙内抹灰、外墙内面刷浆、外墙上的门窗和圈过梁、外墙砌体:在该分组中,首先把各种厚度的内外墙上的门窗面积和过梁体积分别列表填写,再进行工程量计算。先求出内墙面积,再减门窗面积,再乘墙厚减圈过梁体积等于墙体积(如果室内外高差部分与墙体材料不同,应从墙体中扣除,另行计算)。

(3) 重点抽查审计法

这种方法类同于全面审计法,其与全面审计法之区别仅是审计范围不同而已。该方法有侧重有选择地根据竣工图计算部分价值较高或占投资比例较大的分项工程量,如砖石结构(基础、墙体)、钢筋混凝土结构(梁、板、柱)、木结构(门窗)、钢结构(屋架、檩条、支撑),以及高级装饰等。而对其他价值较低或占投资比例较小的分项工程,如普通装饰项目、零星项目(雨篷、散水、坡道、明沟、水池、垃圾箱)等,可忽略不计。重点核实与上述工程量相对应的定额单价,尤其重点审核定额子目档次易混淆的单价(如构件断面、单体体积),其次是混凝土强度等级、砌筑砂浆、抹灰砂浆的强度等级换算。这种方法与全面审计法比较,工作量相对减少,既可提高工作效率，又能做到准确无误。

（4）标准图审计法

标准图审计法是指对于利用标准图纸或通过图纸施工的工程项目，先集中审计力量编制标准预算或结算造价，以此为标准，进行对比审计的方法。按标准图纸设计或通用图纸施工的工程一般地面以上结构相同，可集中审计力量细审一份预结算造价，作为这种标准图纸的标准造价；或用这种标准图纸的工程量为标准，对照审计。而对局部不同的部分和设计变更部分做单独审查即可。这种方法的优点是时间短、效果好、定案容易；缺点是只适用按标准图纸设计或施工的工程，适用范围小。

（5）筛选审计法

建筑工程虽然有建筑面积和高度的不同，但是它们的各个分部分项工程的工程量、造价、用工量在每个单位面积上的数值变化不大，我们把过去审计积累的这些数据加以汇集、优选、归纳为工程量、造价（价值）、用工等几个单方基本值表，并注明其适用的建筑标准。这些基本值犹如"筛子孔"，用来筛选各分部分项工程，筛下去的就不予审计了；没有筛下去的就意味着此分部分项的单位建筑面积数值不在基本值范围之内，应对该分部分项工程进行详细审计。此方法的优点是简单易懂、便于掌握，审计速度和发现问题快。适用于住宅工程或不具备全面审计审查条件的工程。

（6）分析对比审计法

分析对比审计法是指用已经审计的工程造价同拟审类似工程进行对比审计的方法。这种方法一般应根据工程的不同条件和特点区别对待。一是两工程采用同一个施工图，但基础部分和现场条件及变更不尽相同，其拟审计工程基础以上部分可采用对比审计法，不同部分可分别计算或采用相应的审计方法进行审计。二是两个工程设计相同，但建筑面积不同。可根据两个工程建筑面积之比与两个工程分部分项工程量之比例基本一致的特点，将两个工程每平方米建筑面积造价以及每平方米建筑面积的各分部分项工程量进行对比审查。如果基本相同，说明拟审计工程造价是正确的,或拟审计的分部分项工程量是正确的。反之,说明拟审造价存在问题,应找出差错原因,加以更正。三是拟审工程与已审工程的面积相同,但设计图纸不完全相同时,可把相同部分,如厂房中的柱子、房架、屋面、砖墙等进行工程量的对比审计,不能对比的分部分项工程按图纸或签证计算。在总结分析工程结算资料的基础上,找出同类工程造价及工料消耗的规律性,整理出结构形式不同、地区不同的工程造价、工料消耗指标。然后,根据这些指标对审核对象进行分析对比,从中找出不符合投资规律的分部分项工程,针对这些子目再进行重点审计,分析其差异较大的原因。常用指标有以下几种类型:

① 单方造价指标(元/m³、元/m²、元/m 等)。

② 分部工程比例:基础、楼板屋面、门窗、围护结构等各占定额直接费的比例。

③ 各种结构比例:砖石、混凝土及钢筋混凝土、木结构、金属结构、装饰、土石方等各占定额直接费的比例。

④ 专业投资比例:土建、给排水、采暖通风、电气照明等各专业占总造价的比例。

⑤ 工料消耗指标:即钢材、木材、水泥、砂、石、砖、瓦、人工等主要工料的单方消耗指标。

(7) 常见病审计法

由于工程结算编制人员所处地位不同、立场不同,其观点、方法亦不同。在工程结算编制中,会不同程度地出现某些常见病。

① 工程量计算误差:包括完全按理论尺寸计算工程量;毛石、钢筋混凝土基础 T 形交接重叠处重复计算;楼地面孔洞、沟道所占面积不扣除;墙体中的圈梁、过梁所占体积不扣除;挖地槽、地坑上方常常出现“挖空气”现象;钢筋计算常常不扣保护层;梁、板、柱交接处受力筋或箍筋重复计算;楼地面、墙面各种抹灰重复计算。

② 定额单价套用误差:如混凝土强度等级;石子粒径;构件断面、单件体积;砌筑砂浆、抹灰砂浆强度等级及配合比;单项脚手架高度界限;装饰工程的级别(普通、中级、高级);地坑、地槽、土方三

者之间的界限;土石方的分类界限。

③ 项目重复误差:如块料面层下找平层;沥青卷材防水层、沥青隔气层下的冷底子油;预制构件的软件;属于建筑工程范畴的给排水设施。在采用综合定额预算的项目中,这种现象尤其普遍。

④ 综合费用计算误差:如措施手段材料一次摊销;综合费项目内容与定额已考虑的内容重复;综合费项目内容与冬雨季施工增加费,临时设施费中内容重复。

上述属常见职业病范畴,且具有普遍性。审计工程预结算时,可根据这些线索而顺藤摸瓜,剔除其不合理部分,准确计算工程量,合理取定定额单价,以达到合理确定工程造价之目的。

(8) 相关项目、相关数据审计法

建筑工程预结算项目数十、数百,数据成千上万,乍一看好像各项目、各数据之间毫无关系。其实不然,这些项目、数据之间有着千丝万缕的联系。只要我们认真总结、仔细分析,就可以摸索出它们的规律。我们可利用这些规律来进行审核,找出不符合规律的项目及数据,如漏项、重项、工程量数据错误等,然后,针对这些问题进行重点审计。如:与建筑面积相关的项目和工程量数据;与室外净面积相关的项目和工程量数据;与墙体面积相关的项目和工程量数据;与外墙边线相关的项目和工程量数据;其他相关项目与数据。

当然,也有一些工程量数据规律性较差,如柱基与柱身、墙基与墙体、梁与柱等,我们可以采用前述的重点审计法。相关项目、相关数据审计法实质是工程量计算统筹法在预结算审计工作中的应用。应用这种方法,可使审核工作效率大大提高。

3. 工程量审计的注意事项

工程结算审计过程中,工程量计算耗用的工作量,约占全部审计过程的70%以上,为了及时准确地做好这项繁重的工作应注意以下几点。

(1) 资料齐全

包括施工合同、各原始预算、设计图纸及会审纪要、设计变更、施工签证、竣工图、施工中发生的其他费用,施工单位的资质证书和取费标准,施工现场地形及工程地质情况说明书等。

（2）重点看图

在拿到竣工图后,首先要按图纸会审纪要的内容,对图纸做全面的修正,这样可避免因图纸变化,而进行大量重复的劳动。之后开始对图纸全面浏览,先了解工程的基本概貌,如建筑物层数、结构形式、建筑面积等。再了解工程的材料和做法,如:基础是混凝土的还是砖、石的,是条形的还是独立的;墙体是砌砖还是砌块;楼面是水泥砂浆还是地砖;有无吊顶;外墙面是墙砖还是干粘石;门窗是木制还是铝合金、塑料等。最后详细阅读建筑"三大图",重点弄清以下几个问题:房屋内外高差,以便在计算基础、挖填方、外墙抹灰工程量时利用该数据;建筑物层高、墙体、楼地面面层、顶棚等相应的工程内容是否因楼层不同而有所变化,以便在计算工程量时分别对待;建筑物构配件,如阳台、雨篷、台阶等的设置情况,以防止二次翻阅和重漏计算。

（3）口径必须一致

审核施工图列出的定额子目是否与预算定额中相应的定额子目的口径相一致。例如,某医院综合大楼工程,根据设计要求,整个场地是按竖项布置进行大型挖填土方,并用压路机分层碾压夯实。预算编制人员在计算了铲运机铲运土方 13 600 m³ 的工程量后,还计算了平整场地 34 000 m³ 的工程量。审核人员依据"平整场地工程量按建筑物底面积计算,若已按竖项布置进行挖填找平土方,不再计算平整场地工程量"这一建筑工程量计算规则,核减了平整场地工程量。

（4）合理安排工程量计算顺序

根据多年的审核经验,合理安排工程量计算顺序可以事半功倍。例如,基础工程量计算完成后,若紧接着计算墙体工程量,而墙体上门窗洞口所占面积、嵌入墙体的混凝土构配件所占体积都没有数据。这些数据常常要临时补充进来。这种方法很被动,容易出错,到计算门窗和混凝土构配件时,又要重复计算,如果发现前边的扣除有差错,还需进行调整,因此若在基础工程量计算完成后,紧接着计算门窗洞口和混凝土分部工程量,那么就可一次成功,既省事又准确。安排分部工程量计算顺序的原则是方便计算。

（5）计量单位必须一致

应注意施工图列出的定额子目的计量单位是否与预算定额中相应的定额子目的计量单位相一致。如设备及安装工程预算定额中的计量单位有些用"台",有些用"组";管道安装工程有些工程细目用"10 m",有些工程细目用"100 m"。这些都应分清楚,不能搞错。

（6）定额子目套用的审核

工程预算选用的定额子目与该工程各分部分项工程的特征相一致。同类工程量套用的基价高或低的定额子目的现象时有发生,要审代换是否合理,有无高套、错套、重套的现象。这样的例子不胜枚举。因此对套用定额子目的审核应注意所包含的工作内容,要注意看各章节定额的编制说明,熟悉定额子目套用的界限,要求做到公正合理。

（7）材料价格和价差的审核

在工程预结算工作中,材料费用是工程造价最活跃的动态因素,它占工程造价的 70%以上。因此加强材料价格动态管理,实施材料价格动态结算十分重要。材料市场价格的取定必须与当时当地的行情相一致,应注意当地的定额站公布的材料市场预算价格是否已包括安装费、管理费等费用,基建材料的数量、规格和型号是否按图列出的取定。但是材料价格将随着市场竞争和供求关系的变化频繁波动,当地的定额站公布的材料市场预算价格应该具有"弹性",争取半月发布一次市场价格信息,同时发布市场价格材料品种信息,力求齐全,以满足多方面的需要。工程预结算由于受施工工期、施工条件的影响,多采用事后结算调价的办法,如果结算价格不能准确反映变化的市场,必然会进一步拉大"固定单价"和"活市场"的差距,给企业带来巨大损失。对一般建筑工程可采取"平均定价、按实结算"的原则来确定材料结算价格。即开工时按当月指导价格编制预算,竣工后按合同工期之内的指导价格平均结算。对工程结构规模较大、施工工期长的工程预结算可采取分阶段确定材料、结算价格,即按工程的基础、主体、装修分阶段签订工程量竣工结算。对工程结构规模较小、施工工期短的工程预结算可一次定死,竣工结算除设计变更外均不得调整。

（8）现场施工签证的审核

由于有的施工单位驻工地的代表对工程预算和有关的管理规定不熟悉,有的施工单位有意扭曲预算定额和有关的管理规定,造成盲目签证,因此应认真审核工程签证的有关工作内容是否已包括在预算定额内。审核人员要严格把关,坚决杜绝不合规定的现场施工签证。现场施工签证项目、内容和数量要完整清楚,必须具有甲方驻工地的代表和施工单位现场负责人的双方签字,手续齐全方可生效。

第三章

建筑工程计量

第一节　土方基础工程计量

一、条形基础计量

　　某建筑物基础的平面图、剖面图如图 3-1 所示。混凝土基础采用 C20 泵送混凝土浇筑,标准砖基础为 M10 水泥砂浆砌筑,1：2 防水砂浆防潮层。完成图 3-1 中的砖基础和混凝土基础的清单综合单价的确定。

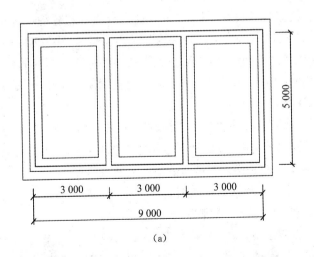

(a)

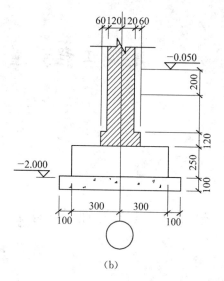

图 3-1 基础图

（a）平面图；（b）剖面图

1. 计算基础

（1）清单工程量的计算规则

① 砖基础：按设计图示尺寸以体积计算。包括附墙垛基础宽出部分体积，扣除地梁（圈梁）、构造柱所占体积，不扣除基础大放脚 T 形接头处的重叠部分及嵌入基础内的钢筋、铁件、管道、基础砂浆防潮层和单个面积 0.3 m² 以内的孔洞所占体积，靠墙暖气沟的挑檐不增加。

② 基础长度：外墙按中心线，内墙按净长线计算。

③ 混凝土基础：按设计图示尺寸以体积计算。不扣除构件内钢筋、预埋铁件和伸入承台基础的桩头所占体积。

（2）计价工程量计算规则

同清单工程量计算规则。

2. 资料准备

基础工程施工图、GB 50003—2011《砌体结构设计规范》、GB 50010—2010《混凝土结构设计规范》、清单、计价表等。

3. 信息收集

① 砖基础构造、混凝土基础构造(相关课程:建筑工程识图、建筑构造)。

② 砖基础、混凝土基础工程施工工艺。

4. 计算步骤

① 步骤一:确定计算项目(表 3-1)。

表 3-1　步骤一

构件类型		清单项目	定额项目	
条形基础	条形砖基础　直形	010401001 砖基础	3-1	直形砖基础
			3-42	防水砂浆防潮层
	条形混凝土基础　无梁式	010501002 带形基础	5-2	无梁式混凝土
			5-171	条形基础
			5-285	

② 步骤二:计算清单工程量(表 3-2)。

表 3-2　步骤二

序号	项目编码	项目名称	计量单位	工程量	工程量计算式
1	010401001001	砖基础	m³	16.35	外墙下基础中心线长:(9+5)×2=28(m) 内墙下砖基础净长:(5-0.24)×2=9.52(m) 砖基础工程量:(1.75+0.066)×0.24×(28+9.52)=16.35(m³)
2	010501002001	带形基础	m³	5.52	内墙下混凝土基础净长:(5-0.60)×2=8.80(m) 混凝土基础工程量:0.60×0.25×(28+8.80)=5.52(m³)

③ 步骤三:计算计价工程量(表 3-3)。

砖基础自设计室外地面至砖基础底表面深度 2.0-0.25-0.05=1.7(m),超过 1.5 m,超高部分应另行计算。

表 3-3 步骤三

序号	定额编号	定额名称	计量单位	工程量	工程量计算式
1	3-1	直形砖基础	m^3	13.51	$1.50 \times 0.24 \times (28 + 9.52) = 13.51(m^3)$
2	3-1	直形砖基础（深度超过1.5 m部分）	m^3	2.84	$16.35 - 13.51 = 2.84(m^3)$
3	3-42	防水砂浆防潮层	$10\ m^2$	0.90	$0.24 \times (28 + 9.52) = 9.00(m^2)$
4	5-171	无梁条形基础	m^3	5.52	同清单工程量

二、现浇混凝土桩承台、独立基础、设备基础计量

某学校办公楼为六层现浇框架结构，其中独立基础 J1 有 20 个，J2 有 16 个，J3 有 8 个；J1，J2 基地标高−2.40 m，J3 基地标高−1.60 m（图 3-2）。基础采用 C25 泵送混凝土浇筑。根据任务背景材料，计算图 3-3 中建筑物独立基础工程量（表 3-4）。

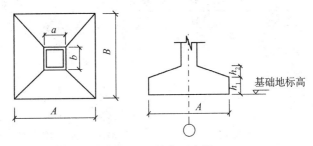

图 3-2 棱台示意图

表 3-4 数据表　　　　　　（mm）

编号	A	B	a	b	H
J1	3 100	3 100	600	600	300
J2	3 600	3 800	600	600	450
J3	2 800	2 800	500	500	250

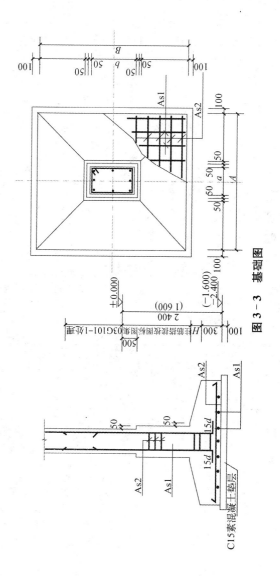

图 3 - 3 基础图

1. 计算基础

① 清单工程量计算规则:按设计图示尺寸以体积计算。不扣除构件内钢筋、预埋铁件和伸入承台基础的桩头所占体积。

② 计价工程量计算规则:同清单工程量计算规则。

棱台体积计算公式为 $V = ABh_1 + h_2/6[AB + (A+a)(B+b) + ab]$。

2. 资料准备

基础工程施工图、《混凝土结构设计规范》等。

3. 信息收集

① 柱下独立基础构造。

② 混凝土基础工程施工工艺。

4. 计算步骤

① 步骤一:确定计算项目(表3-5)。

表3-5 步骤一

构件类型	清单项目	定额项目	
柱下独立基础	010501003 独立基础	5-176	独立基础
		2-121	混凝土垫层

② 步骤二:计算清单工程量(表3-6)。

表3-6 步骤二

序号	项目编码	项目名称	计量单位	工程量	工程量计算式
1	010501003001	独立基础	m³	215.94	J1:{3.10×3.10×0.30+0.30/6×[3.10×3.10+(3.10+0.80)×(3.10+0.80)+0.80×0.80]}×20 =83.12(m³) J2:{3.60×3.80×0.30+0.45/6×[3.60×3.80+(3.60+0.80)×(3.80+0.80)+0.80×0.80]}×16 =107.14(m³) J3:{2.80×2.80×0.30+0.25/6×[2.80×2.80+(2.80+0.70)×

(续表)

序号	项目编码	项目名称	计量单位	工程量	工程量计算式
1	010501003001	独立基础	m³	215.94	$(2.80+0.70)+0.70\times0.70]\}\times8=$ 25.68(m³) 小计:83.12+107.14+25.68= 215.94(m³)

③ 步骤三:计算计价工程量(表3-7)。

表3-7 步骤三

序号	定额编号	定额名称	计量单位	工程量	工程量计算式
1	5-176	独立柱基(C25泵送混凝土)	m³	215.94	同清单工程量计算
2	2-121	混凝土垫层	m³	53.30	J1:3.30×3.30×0.10×20= 21.78(m³) J2:3.80×4.00×0.10×16= 24.32(m³) J3:3.00×3.00×0.10×8= 7.20(m³) 小计:21.78+24.32+7.20 = 53.30(m³)

三、桩与地基基础计量

某工程有30根钢筋混凝土柱,根据上部荷载计算,每根柱下有4根350 mm×350 mm方桩,桩长30 m(由2根长15 m方桩用焊接方法接桩),其上设4 000 mm×6 000 mm×700 mm的承台,桩顶距自然地坪5 m,桩由现场预制,C30商品混凝土。土质为一级,采用轨道式柴油打桩机打桩。

计算任务背景中方桩制作、运输、打桩、接桩、送桩工程量。

1. 工程量计算规则

(1)清单工程量计算规则

预制钢筋混凝土桩按设计图示尺寸以桩长(包括桩尖)以根

数计算,接桩按设计图示规定以接头数量(板桩按接头长度)计算。

(2) 计价工程量计算规则

① 预制混凝土桩计价计算规则。

a. 打桩:打预制钢筋混凝土桩按桩全长(包括桩尖)乘以设计桩断面积(不扣除桩尖虚体积)以立方米计算;管桩的空心部分应扣除,当填充其他材料时,应另行计算。

b. 接桩:以每个接头计算。

c. 送桩:以送桩长度(自桩顶面至自然地坪另加 500 mm)乘以截面面积以立方米计算。

② 灌注混凝土桩计量计算规则。

a. 灌注混凝土使用活瓣桩尖时,单打、复打桩体积均按设计桩长(包括桩尖)另加 250 mm(设计有规定的,按设计要求)乘以标准管外径以立方米计算。使用预制钢筋混凝土桩尖时,单打、复打桩体积均按设计桩长(不包括桩尖)另加 250 mm 乘以标准管外径以立方米计算。

b. 打孔、沉管灌注桩空沉管部分,按空沉管的实体积计算。

c. 夯扩桩体积分别按每次设计夯扩前投料长度(不包括预制桩尖)乘以标准管内径体积计算,最后管内灌注混凝土按设计桩长另加 250 mm 乘以标准管外径体积计算。

d. 泥浆护壁钻孔灌注桩钻土孔与钻岩孔分别计算,混凝土灌入量以设计桩长(含桩尖)另加一个直径(设计有规定的,按设计要求)乘以桩截面积以立方米计算。

e. 人工挖孔灌注桩按图示尺寸以立方米计算。

f. 长螺旋或旋挖法钻孔灌注桩的单桩体积,按设计桩长(含桩尖)另加 500 mm(设计有规定,按设计要求)再乘以螺旋外径或设计截面积以立方米计算。

2. 资料准备

基础工程施工图、《混凝土结构设计规范》、JGJ 94—2008《建筑桩基技术规范》等。

3. 计算步骤

① 步骤一:确定计算项目(表3-8)。

表3-8 步骤一

构件类型	清单项目	定额项目	
预制钢筋混凝土桩	010301001 预制钢筋混凝土方桩	5-334	桩制作(C30非泵送商品混凝土)
		2-3	打预制方桩(桩长30 m以内)
		2-7	预制方桩送桩(桩长30 m以内)
		2-25	电焊接桩(方桩包角钢)

② 步骤二:计算清单工程量(表3-9)。

表3-9 步骤二

序号	项目编码	项目名称	计量单位	工程量	工程量计算式
1	010301001001	预制钢筋混凝土方桩	根	120	30×4 = 120(根)

③ 步骤三:计算计价工程量(表3-10)。

表3-10 步骤三

序号	定额编号	定额名称	计量单位	工程量	工程量计算式
1	5-334	桩制作(C30非泵送商品混凝土)	m^3	441	$0.35×0.35×30×4×30 = 441(m^3)$
2	2-3	打预制方桩(桩长30 m以内)	m^3	441	$0.35×0.35×30×4×30 = 441(m^3)$
3	2-7	预制方桩送桩(桩长30 m以内)	m^3	80.85	$0.35×0.35×120×(5+0.5) = 80.85(m^3)$
4	2-25	电焊接桩(方桩包角钢)	个	120	$30×4 = 120(个)$

四、土方工程计量

某建筑物场地土质为二类土,基础的平面图、剖面图如图3-1

所示。室外地坪标高一0.45 m,采用人工挖土,人力车运土。试计算任务背景中独立基础的土方工程工程量。

1. 资料准备

基础工程施工图、清单、计价表、GB 50202—2002《建筑地基基础工程施工质量验收规范》、JGJ 180—2009《建筑施工土石方工程安全技术规范》等。

2. 信息收集

土(石)方工程施工(相关课程:建筑施工技术)。

3. 计算基础

本部分计价工程量计算规则仅介绍与清单工程量对应的计价主项的计算规则,具体见表3-11。

表3-11 土(石)方工程计算规则

项目名称	清单工程量计算规则	定额工程量计算规则
平整场地	按设计图示尺寸以建筑物首层建筑面积计算	按建筑物外墙外边线每边各加2 m,以平方米计算
挖土方	按设计图示尺寸以体积计算	按设计或施工组织,考虑工作面、放坡、支挡土板等实际情况,按实体积计算
挖基础土方	按设计图示尺寸以基础垫层底面积乘以挖土深度计算	
石方开挖	按设计图示尺寸以体积计算	
土(石)方回填	按设计图示尺寸以体积计算注意: ①场地回填:回填面积乘以平均回填厚度 ②室内回填:主墙间净面积乘以回填厚度 ③基础回填:挖方体积减去设计室外地坪以下埋设的基础体积(包括基础垫层及其他构筑物)	同清单工程量算法

4. 计算步骤

① 步骤一:确定计算项目(表3-12)。

表 3-12　步骤一

土方施工类型	清单项目	定额项目	
平整场地	010101001 平整场地	1-98	平整场地
挖基础土方	010101003/010101004 挖基础土方	1-20	人工挖地槽(二类干土,深度 3 m 内)
		1-92 1-95	单双轮车运土
		1-104	基坑(槽)回填土(夯填)
基槽回填土	010103001 土(石)方回填	1-1	挖回填土(堆积期在一年以内,为一类土)
		1-92 1-95	单双轮车运土
		1-102	地面回填土(夯填)
房心回填土	010103001 土(石)方回填	1-1	挖回填土(堆积期在一年以内,为一类土)
		1-92 1-95	单双轮车运土
		1-98	平整场地

② 步骤二:计算清单工程量(表 3-13)。

表 3-13　步骤二

序号	项目编码	项目名称	计量单位	工程量	工程量计算式
1	010101001001	平整场地	m²	45	$9 \times 5 = 45 \, (m^2)$
2	010101003001	挖基础土方	m³	48.05	外墙下基槽: $0.80 \times (2.10 - 0.45) \times 28 = 36.96 \, (m^3)$ 内墙下基槽: $0.80 \times (2.10 - 0.45) \times (5 - 0.80) \times 2 = 11.09 \, (m^3)$ 小计: $36.96 + 11.09 = 48.05 \, (m^3)$

(续表)

序号	项目编码	项目名称	计量单位	工程量	工程量计算式
3	010103001001	土方回填	m³	27.32	室外地坪以下砖基础：$16.35-0.24\times0.45\times37.52$ $=12.30$（m³） 混凝土基础：5.52 m³ 素混凝土垫层：$0.80\times0.10\times(28+4.20\times2)=2.91$（m³） 室外地坪下埋设物总和：$12.30+5.52+2.91=20.73$（m³） 土方回填：$48.05-20.73=27.32$（m³）
4	010103001002	土方回填	m³	15.77	$(3-0.24)\times(5-0.24)\times3\times(0.45-0.05)=15.77$（m³）

③ 步骤三：计算计价工程量（表3-14）。

表3-14 步骤三

序号	定额编号	定额名称	计量单位	工程量	工程量计算式
1	1-98	平整场地	10 m²	11.90	$(9+2\times2)\times(5+2+2)=119$（m²）
2	1-20	人工挖地槽（二类干土,深度3 m内）	m³	129.23	$(0.80+0.30\times2+0.5\times1.65)\times1.65\times[28+(5-1.40)\times2]=129.23$（m³）
3	1-92 1-95	单双轮车运土	m³	129.23	$(0.80+0.30\times2+0.5\times1.65)\times1.65\times[28+(5-1.40)\times2]=129.23$（m³）
4	1-104	基坑（槽）回填土（夯填）	m³	108.50	$129.23-20.73=108.50$（m³）
5	1-1	挖回填土（堆积期在一年以内,为一类土）	m³	108.50	$129.23-20.73=108.50$（m³）

（续表）

序号	定额编号	定额名称	计量单位	工程量	工程量计算式
6	1-92 1-95	单双轮车运土	m³	108.50	$129.23 - 20.73 = 108.50$ （m³）
7	1-102	地面回填土（夯填）	m³	15.77	15.77 m³
8	1-1	挖回填土（堆积期在一年以内，为一类土）	m³	15.77	15.77 m³
9	1-92 1-95	单双轮车运土	m³	15.77	15.77 m³

第二节　框架主体结构计量

一、现浇钢筋混凝土柱计量

某厂房有现浇带牛腿的 C25 钢筋混凝土柱（图 3-4）20 根。其下柱长 $l_1 = 6.5\,\text{m}$，断面尺寸为 600 mm×500 mm；上柱长 $l_2 = 2.5\,\text{m}$，断面尺寸为 400 mm×500 mm。牛腿参数：$h = 500\,\text{mm}$，$c = 200\,\text{mm}$，$\alpha = 45°$。计算该混凝土柱的清单和定额工程量，并分析其综合单价。

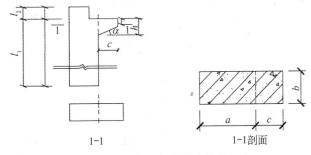

图 3-4　C25 钢筋混凝土柱

1. 资料准备

柱工程施工图、《混凝土结构设计规范》、清单、计价表等。

2. 计算基础

(1) 清单工程量计算规则

按设计图示尺寸以体积计算。不扣除构件内钢筋、预埋铁件所占体积。

柱高：

① 有梁板的柱高，自柱基上表面（或楼板上表面）至上一层楼板上表面之间的高度计算（图 3-5）。

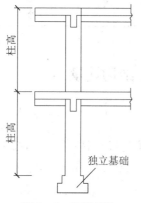

图 3-5　有梁板柱

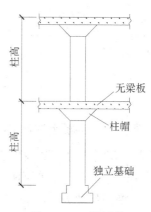

图 3-6　无梁板柱

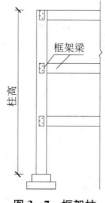

图 3-7　框架柱

② 无梁板的柱高，自柱基上表面（或楼板上表面）至柱帽下表面之间的高度计算（图 3-6）。

③ 框架柱的柱高，自柱基上表面至柱顶高度计算（图 3-7）。

④ 构造柱按全高计算，嵌接墙体部分并入柱身体积（图 3-8）。

⑤ 依附柱上的牛腿和升板的柱帽，并入柱身体积计算（图 3-9）。

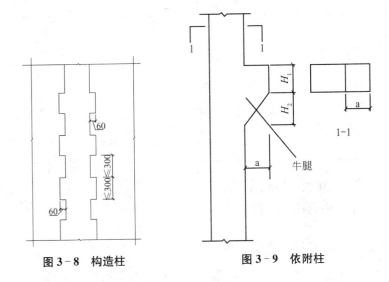

图 3-8 构造柱　　　　图 3-9 依附柱

（2）定额（××省 2004 计价表）工程量计算规则

按图示断面尺寸乘以柱高以立方米计算。不扣除构件内钢筋、支架、螺栓孔、螺栓、预埋铁件及墙、板中 0.3 m² 内的孔洞所占体积。留洞所增加工、料不再另增费用。

柱高：

① 有梁板的柱高，自柱基上表面（或楼板上表面）至楼板下表面处的高度计算（如柱与板相交，柱高算至板顶面，但与板重叠部分应扣除）。

② 无梁板的柱高，自柱基上表面（或楼板上表面）至柱帽下表面之间的高度计算。

③ 有预制板的框架柱柱高，自柱基上表面至柱顶高度计算。

④ 构造柱按全高计算，应扣除与现浇板、梁相交部分的体积，与砖墙嵌接部分的混凝土体积并入柱身体积内计算。

⑤ 依附柱上的牛腿，并入相应柱身体积内计算。

3. 计算步骤

① 步骤一：清单工程量（表 3-15）。

表 3‑15　步骤一

序号	项目编码	项目名称	工程量计算式	计量单位	工程量
1	010502001001	矩形柱 C25 混凝土 Z	牛腿上底 $h_1 = 0.7 - 0.2 \times 1 = 0.5$ (m) 矩形柱 C25 混凝土：$\left\{ 0.6 \times 0.5 \times 6.5 \right.$ $+ 0.4 \times 0.5 \times 2.5 + \left[\frac{1}{2} \times (0.5 + 0.7) \right.$ $\left. \times 0.2 \times 0.5 \right] \left. \right\} \times 20 = 50.2 (\text{m}^3)$	m³	50.2

② 步骤二：定额工程量。

矩形牛腿柱 C25 混凝土工程量＝50.2 m³。

二、现浇钢筋混凝土梁计量

某工程有现浇混凝土花篮梁 10 根,梁两端有现浇梁垫,混凝土强度等级为 C25 商品混凝土(泵送),尺寸如图 3‑10 所示。计算该混凝土花篮梁的清单和定额工程量。

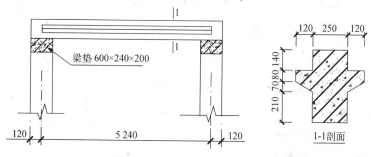

图 3‑10　现浇混凝土花篮梁

1. 资料准备

梁工程施工图、《混凝土结构设计规范》、清单、计价表等。

2. 计算基础

(1) 清单工程量计算规则

按设计图示尺寸以体积计算。不扣除构件内钢筋、预埋铁件所占体积,伸入墙内的梁头、梁垫并入梁体积内(图 3‑11)。

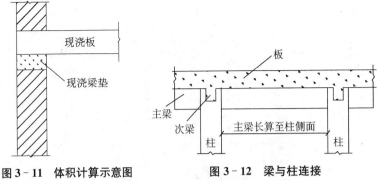

图 3-11　体积计算示意图　　　　图 3-12　梁与柱连接

梁长：

① 梁与柱连接时,梁长算至柱侧面(图 3-12)。

② 主梁与次梁连接时,次梁长算至主梁侧面(图 3-13)。

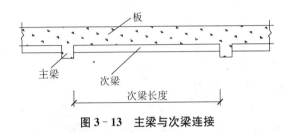

图 3-13　主梁与次梁连接

③ 梁(单梁、框架梁、圈梁、过梁)与板整体现浇时,梁高算至板底(图 3-14)。

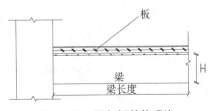

图 3-14　梁与板整体现浇

④ 圈梁与过梁连接时,分别套用圈、过梁项目。过梁长度按设计规定计算,设计无规定时,按门窗洞口宽度两端各加 250 mm 计算(图 3-15)。

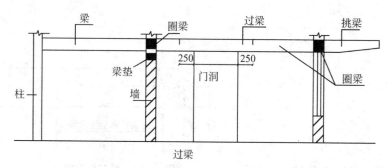

图 3－15　圈梁与过梁连接

⑤ 圈梁与梁连接时,圈梁体积应扣除伸入圈梁内的梁体积（图 3－16）。

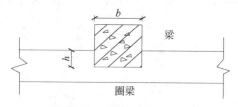

图 3－16　圈梁与梁连接

（2）定额（××省 2004 计价表）工程量计算规则

工程量计算规则与清单工程量相同。

3. 计算步骤

① 步骤一:清单工程量（表 3－16）。

表 3－16　步骤一

序号	项目编码	项目名称	工程量计算式	计量单位	工程量
1	010503003001	异形梁 C25 混凝土 YXL	$\left\{ 0.6 \times 0.24 \times 0.2 \times 2 + 0.25 \times 0.5 \times 5.48 + \left[\left(\frac{1}{2} \times 0.07 \times 0.12 \times 2 + 0.12 \times 0.08 \times 2 \right) \times 5 \right] \right\} \times 10 = 8.81 (\text{m}^3)$	m³	8.81

② 步骤二:定额工程量。

异形梁 C25 混凝土工程量＝8.81 m³。

三、现浇钢筋混凝土板计量

某工程有 C30 自拌现浇钢筋混凝土有梁板 10 块(图 3－17),墙厚 240 mm。计算该有梁板的清单和定额工程量。

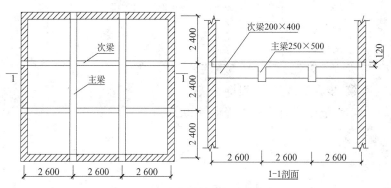

图 3－17　现浇钢筋混凝土有梁板

1. 资料准备

板工程施工图、《混凝土结构设计规范》、清单、计价表等。

2. 计算基础

(1) 清单工程量计算规则

按设计图示尺寸以体积计算。不扣除构件内钢筋、预埋铁件及单个面积在 0.3 ㎡以内的孔洞所占体积。有梁板(包括主、次梁与板)按梁、板体积之和计算。无梁板按板和柱帽体积之和计算。各类板伸入墙内的板头并入板体积内计算,薄壳板的肋、基梁并入薄壳体积内计算。

(2) 定额(××省 2004 计价表)工程量计算规则

工程量计算规则与清单工程量相同。

3. 计算步骤

① 步骤一:清单工程量(表 3－17)。

表 3－17　步骤一

序号	项目编码	项目名称	工程量计算式	计量单位	工程量
1	010505001001	有梁板 C30 混凝土 YLB	现浇板:2.6×3×2.4×3×0.12×10＝67.39(m³) 板下梁:[0.25×(0.5－0.12)×(2.4×3＋0.24)×2＋0.2×(0.4－0.12)×(2.6×3－0.25×2＋0.24)×2]×10＝22.58(m³) 有梁板:67.39＋22.58＝89.97(m³)	m³	89.97

② 步骤二:定额工程量。

C30 混凝土有梁板工程量＝89.97 m³。

第三节　混合结构计量

一、砖砌墙体计量

某单层建筑物平面如图 3－18 所示。现浇平屋面,层高 3.6 m,

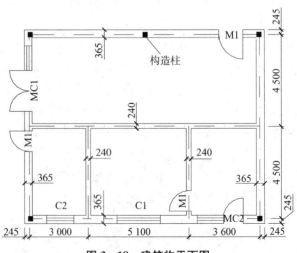

图 3－18　建筑物平面图

净高 3.48 m,混合砂浆 M5 砌筑一砖半(标准砖)外墙,内墙为一砖
(标准砖)混合砂浆 M5 砌筑,埋件体积及门窗表分别见表 3-18
和表 3-19。根据任务背景提供的资料,计算该墙体的清单和定额
工程量。

表 3-18 墙体埋件体积　　　　　　(m³)

墙身名称	埋件体积		
	构造柱体积	过梁体积	圈梁体积
365 外墙	1.98	0.587	2.74
240 内墙		0.032	0.86

表 3-19 门窗表

门窗编号	洞口尺寸(mm)		数量	备注
	宽	高		
C1	2 400	1 800	1	铝合金窗
C2	1 800	1 800	1	铝合金窗
MC1	3 000	2 700	1	铝合金门连窗,窗尺寸同 C2
MC2	2 400	2 700	1	铝合金门连窗,窗尺寸 1 500 mm×1 800 mm
M1	1 000	2 700	3	铝合金门

1. 资料准备

《砌体结构设计规范》、清单、计价表等。

2. 信息收集

(1) 查看工程图纸

砖墙是用砖和砂浆按一定规律和组砌方式砌筑而成的。按所
用砖块不同,有实心砖墙、多孔砖墙、空心砖墙。实心砖墙的厚度
根据承重、保温、隔音等要求,一般有 115 mm(半砖墙)、240 mm(一
砖墙)、365 mm(一砖半墙);多孔砖墙厚一般有 115 mm,190 mm,
240 mm;空心砖墙厚一般有 90 mm,115 mm,190 mm。

(2) 了解工作内容

① 实心砖墙:砂浆制作、运输;砌砖;勾缝;砖压顶砌筑;材料
运输。

② 空斗墙:砂浆制作、运输;砌砖;装填充料;勾缝;材料运输。

③ 空花墙:砂浆制作、运输;砌砖;装填充料;勾缝;材料运输。

④ 填充墙:砂浆制作、运输;砌砖;装填充料;勾缝;材料运输。

(3) 熟悉项目特征

① 实心砖墙:砖品种、规格、强度等级;墙体类型;墙体厚度;墙体高度;勾缝要求;砂浆强度等级、配合比。

② 空斗墙:砖品种、规格、强度等级;墙体类型;墙体厚度;勾缝要求;砂浆强度等级、配合比。

③ 空花墙:砖品种、规格、强度等级;墙体类型;墙体厚度;勾缝要求;砂浆强度等级、配合比。

④ 填充墙:砖品种、规格、强度等级;墙体厚度;填充材料种类;勾缝要求;砂浆强度等级。

3. 计算基础

(1) 清单工程量计算规则

① 实心砖墙:按设计图示尺寸以体积计算。扣除门窗洞口、过人洞、空圈、嵌入墙内的钢筋混凝土柱、梁、圈梁、挑梁、过梁及凹进墙内的壁龛、管槽、暖气槽、消火栓箱所占体积。不扣除梁头、板头、檩头、垫木、木楞头、沿缘木、木砖、门窗走头(图3-19)、砖墙内加固钢筋、木筋、铁件、钢管及单个面积0.3 m² 以内的孔洞所占体积。凸出墙面的腰线、挑檐(图3-20)、压顶、窗台线、虎头砖(图3-21)、门窗套(图3-22)的体积亦不增加。凸出墙面的砖垛并入墙体体积内计算。

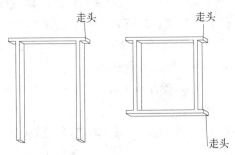

图3-19 门窗走头

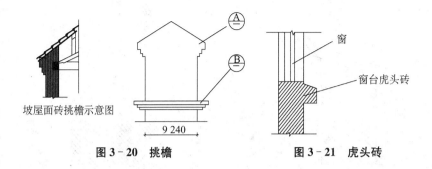

坡屋面砖挑檐示意图

图 3－20　挑檐

图 3－21　虎头砖

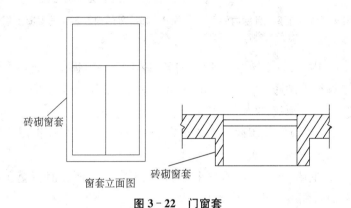

窗套立面图

图 3－22　门窗套

a. 墙长度：外墙按中心线，内墙按净长计算。

b. 墙高度：外墙，斜（坡）屋面无檐口天棚者算至屋面板底（图 3－23）；有屋架且室内外均有天棚者算至屋架下弦底另加 200 mm（图 3－24）；无天棚者算至屋架下弦底另加 300 mm，出檐宽度超过 600 mm 时按实砌高度计算；平屋面算至钢筋混凝土板底（图 3－25）。

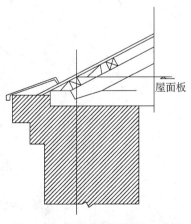

图 3－23　斜（坡）屋面无檐口天棚

121

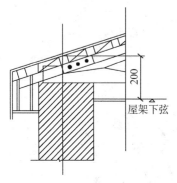

图 3‒24　有屋架且室内外
均有天棚

图 3‒25　平屋面算至钢筋混凝土板底

　　c. 内墙:位于屋架下弦者,算至屋架下弦底(图 3‒26);无屋架者算至天棚底另加 100 mm(图 3‒27);有钢筋混凝土楼板隔层者算至楼板顶;有框架梁时算至梁底(图 3‒28)。

　　d. 女儿墙:从屋面板上表面算至女儿墙顶面(如有混凝土压顶时算至压顶下表面)。

　　e. 围墙:高度算至压顶上表面(如有混凝土压顶时算至压顶下表面),围墙柱并入围墙体积内。

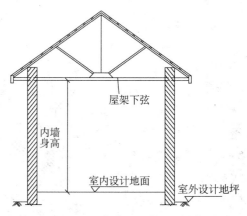

图 3‒26　内墙位于屋架下弦者

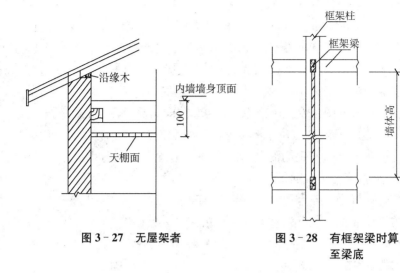

图 3‐27　无屋架者 　　　图 3‐28　有框架梁时算
至梁底

②空斗墙:按设计图示尺寸以空斗墙外形体积计算,墙角、内外墙交接处、门窗洞口立边、窗台砖、屋檐处的实砌部分体积并入空斗墙体积内。

③空花墙:按设计图示尺寸以空花部分外形体积计算,不扣除空洞部分体积。

④填充墙:按设计图示尺寸以填充墙外形体积计算。

(2)定额(××省2004计价表)工程量计算规则

①实砌砖墙:实砌墙分内、外墙,分别不同厚度,按墙长乘以墙高乘以相应厚度以立方米计算。

标准砖墙体厚度按表3‐20规定计算。

表 3‐20　标准砖墙计算厚度表

墙厚	$\frac{1}{4}$砖	$\frac{1}{2}$砖	$\frac{3}{4}$砖	1砖	$1\frac{1}{2}$砖	2砖
砖墙计算厚度(mm)	53	115	178	240	365	490

a. 墙身长度:外墙按外墙中心线,内墙按内墙净长线计算。

b. 墙身高度:设计有明确高度时以设计高度计算,未明确时按下列规定计算。

（a）外墙：坡（斜）屋面无檐口天棚者，算至墙中心线屋面板底；无屋面板，算至椽子顶面；有屋架且室内外均有天棚者，算至屋架下弦底面另加 200 mm；无天棚，算至屋架下弦另加 300 mm；有现浇钢筋混凝土平板楼层者，算至平板底面；有女儿墙自外墙梁（板）顶面至图示女儿墙顶面；有混凝土压顶，算至压顶底面。

（b）内墙：内墙位于屋架下，算至屋架底；无屋架，算至天棚底另加 120 mm；有钢筋混凝土楼隔层者，算至钢筋混凝土板底；有框架梁时，算至梁底面；同一墙上板厚不同时，按平均高度计算。

计算墙体工程量时，应扣除门窗洞口、过人洞、空圈、嵌入墙身的钢筋混凝土柱、梁、过梁、圈梁、挑梁、混凝土墙基防潮层和暖气包、壁龛的体积；不扣除梁头、梁垫、外墙预制板头、檩条头、垫木、木楞头、沿缘木、木砖、门窗走头、砖砌体内的加固钢筋、木筋、铁件、钢管及每个面积在 0.3 m² 以下的孔洞等所占的体积；突出墙面的窗台虎头砖、压顶线、山墙泛水、烟囱根、门窗套及三皮砖以内的腰线、挑檐等体积亦不增加；附墙砖垛、三皮砖以上的腰线、挑檐等体积，并入墙身工程量内计算。

（c）围墙：砖砌围墙，工程量按设计图示尺寸以立方米计算。围墙附垛及砖压顶应并入墙身工程量内。砖砌围墙上有混凝土花格、混凝土压顶时，混凝土花格及压顶另列项目，按"混凝土工程"相应项目计算，围墙高度算至混凝土压顶下表面。

② 空斗墙：工程量按外形尺寸以立方米计算，计算规则同实砌墙。

空斗墙中门窗立边、门窗过梁、窗台、墙角、擦条下、楼板下、踢脚线部分和屋檐处的实砌砖已包括在空斗墙工程内容中，不得另立项目计算。但空斗墙中遇有实砌钢筋砖圈梁及单面附垛时，应另列项目按"小型砌体"计算。

③ 空花墙：工程量按空花部分的外形体积以立方米计算。

空花墙外有实砌墙时，实砌部分另列项目，工程量以立方米计算。

④ 填充墙:工程量按外形体积以立方米计算,其实砌部分及填充料已包括在工程内容中,不另计算。

4. 计算步骤

① 步骤一:清单工程量(表3-21)。

表3-21 步骤一

序号	项目编码	项目名称	工程量计算式	计量单位	工程量
1	010401003001	实心砖外墙,厚365 mm	外墙长:[(11.7+0.0625×2)+(9+0.0625×2)]×2=41.9 (m) 外墙身门窗面积:2.4×1.8+1.8×1.8+1×2.7×2+(1.8×1.8+1.2×2.7)+(1.5×1.8+0.9×2.7)=24.57 (m²) 外墙:(41.9×3.48−24.57)×0.365−(1.98+0.587+2.74)=38.95 (m³)	m³	38.95
2	010401003002	实心砖内墙,厚240 mm	内墙长:[(11.7−0.12×2)+(4.5−0.12×2)]×2=19.98 (m) 内墙身门窗面积:1×2.7=2.7 (m²) 内墙:(19.98×3.6−2.7)×0.24−(0.032+0.82)=15.76 (m³)	m³	15.76

② 步骤二:定额工程量。

砖外墙同外墙清单工程量:$V = 38.95$ m³。

砖内墙:内墙长:$[(11.7-0.12\times2)+(4.5-0.12\times2)]\times2 = 19.98$ m。

内墙身门窗面积:$1\times2.7 = 2.7$ m²。

内墙:$(19.98\times3.48-2.7)\times0.24-(0.032+0.82) = 15.19$ m³。

二、砌块砌体计量

某框架结构间内外墙用砌块砌筑如图 3－29 所示。C1 窗 2 700 mm×1 800 mm，C2 窗 1 500 mm×1 800 mm，M1 门 1 500 mm ×2 400 mm，M2 门 900 mm×2 100 mm，KJ1 柱 400 mm×400 mm，框架间净高 6.3 m。计算该工程砌体清单工程量。

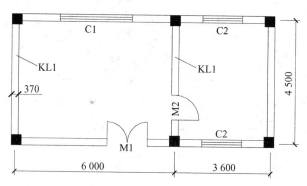

图 3－29　某框架平面图

1. 资料准备

《砌体结构设计规范》、清单、计价表等。

2. 信息收集

① 了解工作内容：砂浆制作、运输；砌砖、砌块；勾缝；材料运输。

② 熟悉项目特征：墙体类型；墙体厚度；空心砖、砌块品种、规格、强度等级；勾缝要求；砂浆强度等级、配合比。

3. 计算基础

（1）清单工程量计算规则

按设计图示尺寸以体积计算。扣除门窗洞口、过人洞、空圈、嵌入墙内的钢筋混凝土柱、梁、圈梁、挑梁、过梁及凹进墙内的壁龛、管槽、暖气槽、消火栓箱所占体积，不扣除梁头、板头、檩头、垫木、木楞头、沿缘木、木砖、门窗走头、砖墙内加固钢筋、木筋、铁件、钢管及单个面积 0.3 m² 以内的孔洞所占体积，凸出墙面的腰线、挑檐、压顶、窗台线、虎头砖、门窗套的体积不增加,凸出墙面的砖垛并入墙体体积内。

① 墙长度:外墙按中心线,内墙按净长计算。

② 墙高度:外墙,斜(坡)屋面无檐口天棚者算至屋面板底;有屋架且室内外均有天棚者算至屋架下弦底另加 200 mm;无天棚者算至屋架下弦底另加 300 mm,出檐宽度超过 600 mm 时按实砌高度计算;平屋面算至钢筋混凝土板底。

③ 内墙:位于屋架下弦者,算至屋架下弦底;无屋架者算至天棚底另加 100 mm;有钢筋混凝土楼板隔层者算至楼板顶;有框架梁时算至梁底。

④ 女儿墙:从屋面板上表面算至女儿墙顶面(如有压顶时算至压顶下表面)。

⑤ 内、外山墙:按其平均高度计算。

⑥ 围墙:高度算至压顶上表面(如有混凝土压顶时算至压顶下表面),围墙柱并入围墙体积内。

(2)定额(××省 2004 计价表)工程量计算规则

① 多孔砖墙、空心砖墙,工程量按图示墙厚以立方米计算;不扣除砖孔空心部分体积。

② 加气混凝土、硅酸盐砌块、小型空心砌块墙,工程量按图示尺寸以立方米计算,砌块本身空心体积不予扣除。

③ 砌体墙中设计有钢筋砖过梁时,另列项目计算,按"小型砌体"项目计算。

④ 砌块墙、多孔砖墙中,窗台虎头砖、腰线、门窗洞边接茬用标准砖、门窗框与砌体的嵌缝砂浆或者原浆勾缝综合在相应项目的工程内容中,均不另外计算。

⑤ 砌块(硅酸盐、加气混凝土、硅酸钙空心砌块、陶粒空心砖块)、多孔砖围墙,其墙基与墙身使用同一种材料时,墙基和墙身工程量合并按相应墙体项目计算。

4. 清单工程量(表3-22)

表3-22 清单工程量

序号	项目编码	项目名称	工程量计算式	计量单位	工程量
1	010402001001	砌块外墙，厚365 mm	外墙长：$[(6-0.4)+(3.6-0.4)+(4.5-0.4)]\times2=25.8$ (m) 外墙身门窗面积：$1.5\times2.4+2.7\times1.8+1.5\times1.8\times2=13.86$ (m²) 外墙：$(25.8\times6.3-13.86)\times0.365=54.27$ (m³)	m³	54.27
2	010402001002	砌块内墙，厚365 mm	内墙长：$4.5-0.4=4.1$ (m) 内墙身门窗面积：$0.9\times2.1=1.89$ (m²) 内墙：$(4.1\times6.3-1.89)\times0.365=8.74$ (m³)	m³	8.74

第四节　钢筋工程计量

一、梁钢筋计量

框架梁 KL 如图3-30所示,混凝土强度等级为C30,二级抗震设计,钢筋定尺为8 m,当梁通筋 $d>22$ mm时,选择焊接接头,柱的断面均为500 mm×500 mm,保护层25 mm,次梁断面

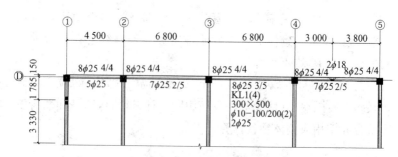

图3-30　梁平法施工图

200 mm×300 mm。试完成该框架梁钢筋工程量的计算(钢筋理论质量 ϕ25 为 3.85 kg/m，ϕ18 为 1.998 kg/m，ϕ10 为 0.617 kg/m，受拉钢筋抗震锚固长度按照 11G 系列图集规定执行，伸至边柱外 0.4 l_{aE})。

1. 资料准备

结构施工图、平法图集(11G101-1)、《混凝土结构设计规范》、钢筋理论质量表等。

2. 计算基础

(1)工程量计算规则

① 清单工程量计算规则：按设计图示钢筋(网)长度(面积)乘以单位理论质量计算。

② 定额工程量计算规则：工程量计算规则与清单工程量规则相同。

(2)计算规则应用

计算时应区分不同钢筋直径和型式，先计算钢筋长度，再利用单根质量求得总质量。

3. 计算步骤

(1)梁钢筋的种类和形状的确定

根据图集 11G101-1 关于梁平法表示方法规定，我们可以读取图 3-30 梁的钢筋类型。

① 上部钢筋。

a. ①~⑤跨上部贯通筋(图 3-31)：2ϕ25。

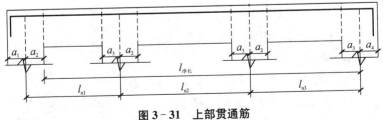

图 3-31 上部贯通筋

b. 端支座负筋(图 3-32)：按照图 3-31 标准从左到右读取。

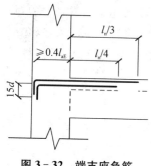

图 3-32　端支座负筋

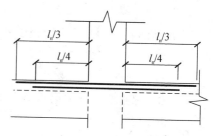

图 3-33　中间支座负筋

①～②跨跨中标注的 8ϕ25 4/4 与②轴支座右侧支座负筋 8ϕ25 4/4 连通布置。第一排：2ϕ25。第二排：4ϕ25。

④～⑤跨右侧端支座负筋：第一排：2ϕ25。第二排：4ϕ25。

c. 中间支座负筋（图 3-33）：③～④轴支座负筋：第一排：2ϕ25。第二排：4ϕ25。

d. 架立筋（图 3-34）：本图无架立筋。

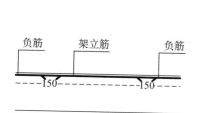

图 3-34　架立筋

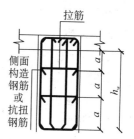

图 3-35　构造腰筋、抗扭腰筋、拉筋

② 梁侧腰筋（图 3-35）：本图无腰筋。

③ 下部钢筋：按图 3-36 从左到右。

第一跨：5ϕ25。

第二、四跨：第一排 2ϕ25；第二排 5ϕ25。

第三跨：第一排 3ϕ25；第二排 5ϕ25。

④ 箍筋（图 3-37）：ϕ10 双肢箍，加密区间距 100 mm，非加密区间距 200 mm。

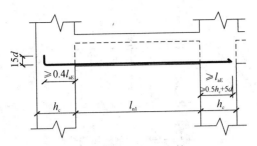

图 3–36 底部受力筋

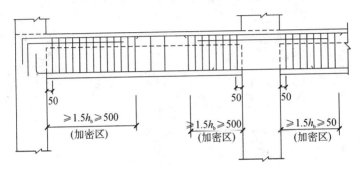

图 3–37 二至四级抗震等级框架梁 KL，WKL

⑤ 附加吊筋及附加箍筋。

a. 附加吊筋(图 3–38)：$2\phi18$。

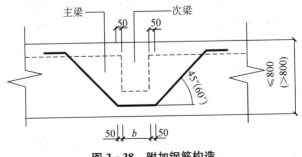

图 3–38 附加钢筋构造

b. 附加箍筋(图 3–39)：本图无附加吊筋；注意若有附加吊筋规格同梁箍筋，根数如图或说明所示。

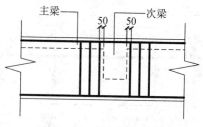

图 3-39 附加箍筋构造

(2) 框架梁钢筋构造尺寸的确定(计算参数的确定)

① 上部钢筋。

a. 上部贯通筋。

支座内锚固:

弯锚:$2 \times \max(0.4l_{aE} + 15d;$支座宽 — 保护层;$l_{aE})$。

直锚:$2l_a(l_{aE})$(且过柱中线 $+ 5d$)。

支座外长度:$L_{净长} = \sum l_n - a_2 - a_3$。

b. 端支座负筋。

支座内锚固:

弯锚:$\max(0.4l_{aE} + 15d;$支座宽 — 保护层;$l_{aE})$。

直锚:$l_a(l_{aE})$(且过柱中线 $+ 5d$)。

支座外长度:一排$\frac{1}{3}l_n$;二排$\frac{1}{4}l_n$。

c. 中间支座负筋。

支座内锚固:支座宽。

支座外长度:

一排:$2 \times \frac{1}{3}l_n$。

二排:$2 \times \frac{1}{4}l_n$,$l_n = \max(l_{n左};l_{n右})$。

d. 架立筋。

$L_{净长} = $ 左右负筋伸出长度 $+ 0.15 \times 2$ (m)。

② 下部钢筋(底部受力筋)。

a. 端支座内锚固。

弯锚：$2 \times \max(0.4l_{aE} + 15d；支座宽 - 保护层；l_{aE})$。

直锚：$l_a(l_{aE})$（且过柱中线 $+5d$）。

b. 支座外长度：l_n。

③ 中部钢筋。

a. 构造腰筋：$L_{净长} + 0.15(\text{m}) \times 2$。

b. 抗扭腰筋：同贯通筋。

c. 拉筋。

边长：梁宽 $-2c + 2d$。

弯钩增加值：$11.9d(12d)$。

d. 箍筋其他钢筋。

箍筋：边长 $=$ 梁宽 $-2\times$ 保护层 $+2d$。

弯钩增加值：$11.9d(12d)$。

e. 吊筋。

上部：$20d$。

下部：次梁宽度 $+2\times50(\text{mm})$。

斜段：$1.414\times($主梁高 $-2c)$。

（3）框架梁的钢筋长度计算公式的确定（表 3-23）

表 3-23　钢筋长度计算公式

钢筋名称	计算公式	说明
上部通长筋	长度 = 各跨之和 $L_{净长}$ － 左支座内侧 a_2 － 右支座内侧 a_3 ＋ 左、右锚固 ＋（搭接）	11G101-1《混凝土结构设计规范》
端支座负筋	第一排钢筋长度 = 本跨净跨长 /3＋锚固 第二排钢筋长度 = 本跨净跨长 /4＋锚固	11G101-1
中支座负筋	第一排钢筋长度 = $2l_n/3$＋支座宽度 第二排钢筋长度 = $2l_n/4$＋支座宽度	11G101-1 注：l_n 为相邻跨大跨
架立筋	长度 = 本跨净跨长 － 左侧负筋伸入长度 － 右侧负筋伸入长度 ＋$2\times$上部通长筋	
下部通长筋	长度 = 各跨之和 $L_{净长}$ － 左支座内侧 a_2 － 右支座内侧 a_3 ＋ 左、右锚固 ＋（搭接）	

（续表）

钢筋名称	计算公式	说明
下非通长筋	长度 = 净跨长度 + 左锚固 + 右锚固	11G101-1
下部不伸入支座筋	净跨长度 − 2×0.1×净跨长度	11G101-1
侧面构造筋	长度 = 净跨长度 + 2×15d	11G101-1
侧面抗扭筋	长度 = 净跨长度 + 2×锚固长度	
拉筋	长度 = 梁宽 − 2c + 2×11.9d + 2d	c 为保护层
吊筋	长度 = 2×20d + 2×斜段长度 + 次梁宽度 + 2×50	11G101-1
箍筋	箍筋长度 = （梁宽 − 2×保护层 + 梁高 − 2×保护层）+ 2×11.9d + 8d	11G101-1
	根数 = 2×[（加密长度 − 50）/加密间距 + 1] + （非加密长度/非加密间距 − 1）	
屋面框架梁	端支座锚固长度 = h_c − c + 梁高 − c	11G101-1
非框架梁	上部钢筋端支座锚固同框架梁	11G101-1
	端支座负筋延伸长度 = 净跨长/5 + 锚固	
	下部钢筋长度 = 净跨长 + 12d	
悬臂梁	上部第一排钢筋长度 = L − 保护层 + max{梁高 − 2×保护层，12d} + 锚固	11G101-1
	长度 = L − c + 0.414×（梁高 − 2c）+ 锚固	
	上部第二排钢筋长度 = 0.75L + 锚固	
	下部钢筋长度 = L − 保护层 + 12d	

注：支座锚固长度的取值判断：当 h_c − 保护层（直锚长度）> l_{aE} 时，取 max(l_{aE}, $0.5h_c + 5d$)。当 h_c − 保护层（直锚长度）≤ l_{aE} 时，必须弯锚，这时有以下几种算法。算法1：h_c − 保护层 + 15d。算法2：取 $0.4l_{aE}$ + 15d。算法3：取 max(l_{aE}, h_c − 保护层 + 15d）。算法4：取 max(l_{aE}, $0.4l_{aE}$ + 15d）。

当纵向钢筋弯锚时锚固长度最终取值根据《混凝土结构设计规范》中第10.4.1条中不难得出，当梁上部纵向钢筋弯锚时，梁上部纵向筋在框架梁中间层端节点内的锚固为 h_c − 保护层 + 15d 较为合理。

按照上表计算公式,本案例解答见表 3-24。

表 3-24 钢筋计算表

编号	直径	简图	单根长度计算式(m)	根数	数量(m)	质量(kg)
1	$\phi25$		$(4.5+6.8\times3-0.5+2\times10d+0.4\times44d\times2+15d\times2)=26.53$	2	53.06	204.28
2	$\phi25$		$(4.5-0.5+0.4\times44d+15d+0.5+6.3/3)=7.42$	2	14.83	57.10
3	$\phi25$		$(4.5-0.5+0.4\times44d+15d+0.5+6.3/4)=6.89$	4	27.56	106.11
4	$\phi25$		$6.3/3\times2+0.5=4.7$	2×2	18.8	72.38
5	$\phi25$		$6.3/4\times2+0.5=3.65$	2×4	29.2	112.42
6	$\phi25$		$6.3/3+0.4\times44d+15d=3.41$	2	6.83	26.30
7	$\phi25$		$6.3/4+0.4\times44d+15d=2.39$	4	9.56	36.81
8	$\phi25$		$4+0.4\times44d+15d+44d=5.92$	5	29.58	113.88
9	$\phi25$		$6.3+44d\times2=8.5$	7	59.5	229.08
10	$\phi25$		$6.3+44d\times2=8.5$	8	68	261.8
11	$\phi25$		$6.3+0.4\times44d+15d+44d=8.22$	7	57.51	221.41
12	$\phi18$		$0.3+20d\times2+(0.5-0.05)\times0.414\times2=2.295$	2	4.59	9.18
13	$\phi10$		$(0.3-0.05+0.01\times2)\times2+(0.5-0.05+0.01\times2)\times2+24d=1.92$	157	301.44	185.99
			合计			1 636.74

注:第一跨因跨度较小,左端支座负筋与中间跨支座负筋部分重叠,故此处计算应
将左端支座负筋与间跨支座负筋合并为一根钢筋计算。

(4) 钢筋质量的汇总

将钢筋长度结果进行分直径、分规格汇总并分别乘以钢筋理

论质量得出钢筋工程量(质量以 t 为单位,保留三位小数)(表 3－24)。

二、柱钢筋计量

图 3－40 为某三层现浇框架柱平法施工图的一部分。结构层高均为 4.20 m,工程类别为三类工程,混凝土框架设计抗震等级为四级。已知柱的混凝土强度等级为 C25,柱基础(基础反梁)厚度为 1 000 mm,每层的框架梁高均为 700 mm。柱中纵向钢筋均采用闪光对焊接头,每层均分二批接头。

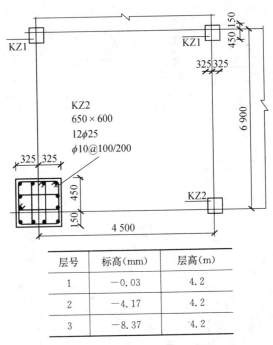

层号	标高(mm)	层高(m)
1	－0.03	4.2
2	－4.17	4.2
3	－8.37	4.2

图 3－40　某三层现浇框架

请根据图 3－40 及有关规定,计算一根边角柱 KZ2 的钢筋用量(箍筋为 HPB235 普通钢筋,其余均为 HRB335 普通螺纹钢筋,且为满足最小设计用量),并完成框架柱钢筋工程量的计算。

1. 资料准备

结构施工图、平法图集(03G101-1,04G101-1)、《混凝土结构设计规范》、钢筋理论质量表等。

2. 计算基础

(1)工程量计算规则

① 清单工程量计算规则:按设计图示钢筋(网)长度(面积)乘以单位理论质量计算。

② 定额工程量计算规则:工程量计算规则与清单工程量规则相同。

(2)计算规则应用

计算时应区分不同钢筋直径和型式,先计算钢筋长度,再利用单根质量求得总质量。

3. 计算步骤

(1)框架柱钢筋的种类和形状的确定

根据图集 03G101 1 关于梁平法表示方法规定,我们可以读取本案例框架柱的钢筋类型。

① 框架柱竖向纵筋。

a. 基础插筋(图 3-41):12ϕ25。

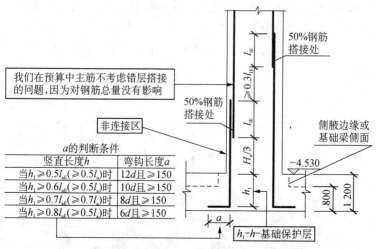

图 3-41　基础插筋

b. 中间层纵筋(图 3 - 42):12ϕ25。

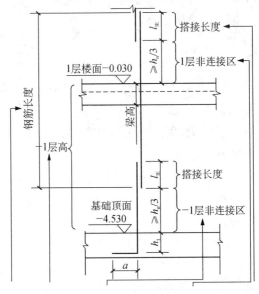

图 3 - 42　中间层纵筋

c. 顶层纵筋:顶层柱因为要考虑钢筋收边的问题,所以应该判断柱所处的位置。根据位置的不同,可分为中柱、边柱和角柱三类。具体种类及形状如下所示:

(a) 中柱纵筋构造:柱纵筋伸入顶层梁板构造如图 3 - 43 所示。

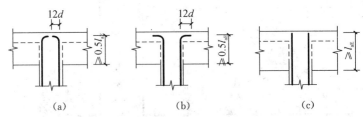

图 3 - 43　柱纵筋伸入顶层梁板构造

(a) 当直锚长度<l_{aE}时;(b) 当直锚长度<l_{aE}且顶层为现浇混凝土板,真强度等级≥C20,板厚≥80 mm 时;(c) 当直锚长度<l_{aE}时

顶层中柱纵筋构造(以图3-43a为例)如图3-44所示。

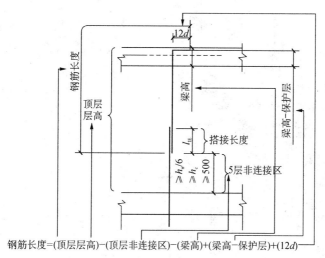

钢筋长度=(顶层层高)-(顶层非连接区)-(梁高)+(梁高-保护层)+(12d)

图3-44　顶层中柱纵筋构造

（b）边柱、角柱纵筋构造:本案例角柱纵筋12φ25。注意区分外侧纵筋和内侧纵筋。顶层边、角柱纵筋构造(以图3-43b为例)如图3-45所示。

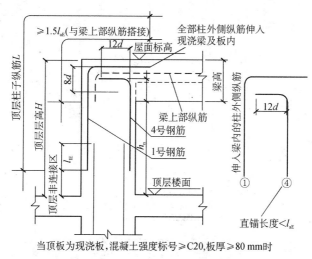

当顶板为现浇板,混凝土强度标号≥C20,板厚≥80 mm时

图3-45　顶层边、角柱纵筋构造

139

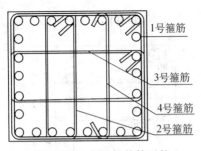

图 3-46　框架柱箍筋形状

② 框架柱箍筋构造。

a. 框架柱箍筋形状（图 3-46）：$\phi 104 \times 4$ 复合箍筋，加密区间距 100 mm，非加密区间距 200 mm。

b. 框架柱箍筋的根数如图 3-47 所示。

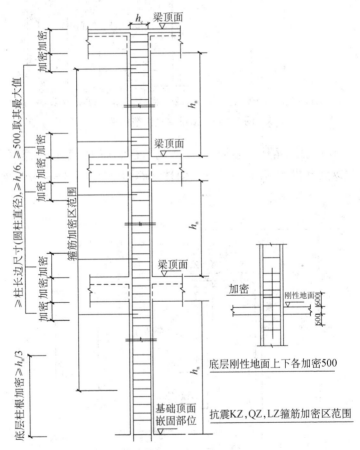

图 3-47　框架柱箍筋的根数

（2）框架柱钢筋构造尺寸的确定（计算参数的确定）

① 基础插筋计算（表3-25）。

表3-25 基础插筋计算

钢筋部位及其名称	计算公式	说明
基础插筋（基础主梁中）	基础插筋长度＝基础高度－保护层＋基础弯折a＋基础钢筋外露长度$h_n/3$＋与上层纵筋搭接l_{lE}（如采用焊接时，搭接长度为0）	04G101-3 柱插筋构造二

② 首层纵筋计算（表3-26）。

表3-26 基础插筋计算

钢筋部位及其名称	计算公式	说明
首层柱纵筋长度	长度＝首层层高－首层净高$h_n/3$＋max{二层楼层净高$h_n/6$，500，柱截面长边尺寸（圆柱直径）}＋与二层纵筋搭接l_{lE}（如采用焊接时，搭接长度为0）	03G101-1

注：当纵筋采用绑扎连接且某个楼层连接区的高度小于纵筋分两批搭接所需要的高度时，应改用机械连接或焊接。

③ 中间层纵筋计算（表3-27）。

表3-27 基础插筋计算

钢筋部位及其名称	计算公式	说明
中间层柱纵筋长度	长度＝二层层高－max{二层$h_n/6$，500，柱截面长边尺寸（圆柱直径）}＋max{三层楼层净高$h_n/6$，500，柱截面长边尺寸（圆柱直径）}＋与三层纵筋搭接l_{lE}（如采用焊接时，搭搭接长度为0）	03G101-1

注：1. 当纵筋采用绑扎连接且某个楼层连接区的高度小于纵筋分两批搭接所需要的高度时，应改用机械连接或焊接。
　　2. 变截面柱钢筋连续通过。

④ 顶层纵筋计算（表3-28）。

表 3－28　基础插筋计算

钢筋部位及其名称	计算公式	说明
角柱纵筋长度	外侧钢筋长度＝顶层层高－max{本层楼层净高 $h_n/6$，500，柱截面长边尺寸(圆柱直径)}－梁高＋$1.5l_{aE}$ 内侧纵筋长度＝顶层层高－max{本层楼层净高 $h_n/6$，500，柱截面长边尺寸(圆柱直径)}－梁高＋锚固 其中锚固长度取值为： 当柱纵筋伸入梁内的直段长＜l_{aE}时，则使用弯锚形式：柱纵筋伸至柱顶后弯折$12d$，锚固长度＝梁高－保护层＋$12d$。 当柱纵筋伸入梁内的直段长≥l_{aE}时，则使用直锚形式：柱纵筋伸至柱顶后截断，锚固长度＝梁高－保护层	以常见的 B 节点为例(03G101－1)： 当框架柱为矩形截面时，外侧钢筋根数为 3 根角筋，b 边钢筋总数的$1/2$，h 边钢筋总数的$1/2$，内侧钢筋根数为 1 根角筋，b 边钢筋总数的$1/2$，h 边钢筋总数的$1/2$

⑤ 箍筋计算(表 3－29)。

表 3－29　基础插筋计算

钢筋部位及其名称	计算公式	说明
箍筋组合形式	常见的箍筋组合型式有非符合箍筋和符合箍筋(03G101－1)	
4×4 箍筋长度	外箍筋长度＝($B-2×$保护层＋$H-2×$保护层)$×2+8d+2l_w$ 内箍筋长度＝[($B-2×$保护层$-d)/3×1+d+(H-2×$保护层$-d)/3×1+d)]×2+8d+2×l_w$(横向、纵向各一道)	
箍筋根数计算	基础层箍筋根数：通常为间距≤500 mm 且不少于两道水平分布筋与拉筋	04G101－3
	首层箍筋根数＝$1×[(h_n/3)/$加密区间距]＋$1×$(搭接长度/加密间)＋$1×[$max($h_n/6$，500，hc)/加密区间距]＋$1×$(节点高/加密区间距)＋$1×[$(柱高度－加密长)/非加密间距]＋$1×$(节点高/加密区间距)＋1	03G101－1

（续表）

钢筋部位及其名称	计算公式	说明
中间层及顶层箍筋根数计算	箍筋根数：$1\times[\max(h_n/6,500,h_c)/$加密区间距]$+1\times$（搭接长度/加密间）$+1\times[\max(h_n/6,500,h_c)/$加密区间距]$+1\times$（节点高/加密区间距）$+1\times[$（柱高度－加密长）/非加密间距]$+1\times$（节点高/加密区间距）$+1$	

注：1. 当柱纵筋采用搭接连接时，应在柱纵筋搭接长度范围内均按$\leqslant 5d$（d为搭接钢筋较小直径）及$\leqslant 100$ mm 的间距加密箍筋。
　　2. 图中所包含的柱箍筋加密区范围及构造适用于抗震框架柱、剪力墙上柱、梁上柱。
　　3. 其余箍筋长度计算就不一一列举了，可参见上述箍筋长度公式进行计算。

（3）框架梁的钢筋长度计算过程

按照表 3 - 29 计算公式，本案例解答见表 3 - 30。

查表：$l_a = 34d = 34\times 25 = 850$（mm）。

保护层：$c = 30$（mm）。

表 3 - 30　钢筋计算表

编号	级别规格	简图	单根长度计算式(m)	单根长度(m)	根数	总长度(m)	质量(kg)
		基础部分					
1	$\underline{\Phi}$25	150 ⌐ 2 067	$0.15+[(1.0-0.1)+(4.2-0.7)/3]$	2.217	6	13.30	51
2	$\underline{\Phi}$25	150 ⌐ 2 942	$0.15+[(1.0-0.1)+(4.2-0.7)/3+\max(0.5,35\times0.025)]$	3.092	6	18.55	71
		一层					
3	$\underline{\Phi}$25	———	$4.2-(4.2-0.7)/3+\max(3.5/6,0.65,0.5)$	3.683	12	44.20	170
		二层					
4	$\underline{\Phi}$25	———	$4.2-\max(h_n/6,h_c,0.5)+\max(h_n/6,h_c,0.5)$	4.2	12	50.4	194
		顶层（三层）				0	0

编号	级别规格	简图	单根长度计算式(m)	单根长度(m)	根数	总长度(m)	质量(kg)
		柱外侧纵筋 7b25					
5	$\Phi 25$	——	$4.2 - \max(h_n/6,\ h_c,\ 0.5) - 0.5 + 1.5 l_{aE} = 4.2 - 0.65 - 0.5 + 1.5 \times 0.85 = 4.325$	4.325	4	17.3	67
6	$\Phi 25$	——	$4.2 - [\max(h_n/6,\ h_c,\ 0.5) + \max(35d,\ 0.5)] - 0.5 + 1.5 l_{aE} = 4.2 - [0.65 + 0.875] - 0.5 + 1.5 \times 0.85 = 3.45$	3.45	3	10.35	40
		柱内侧纵筋 5b25					
7	$\Phi 25$	——	$4.2 - \max(h_n/6,\ h_c,\ 0.5) - 0.5 + h_b - c + 12d = 4.2 - 0.65 - 0.5 + 0.7 - 0.03 + 12 \times 0.025 = 4.02$	4.02	2	8.04	31
8	$\Phi 25$	——	$4.2 - [\max(h_n/6,\ h_c,\ 0.5) + \max(35d,\ 0.5)] - 0.5 + h_b - c + 12d = 4.2 - [0.65 + 0.875] - 0.5 + 0.7 - 0.03 + 12 \times 0.025 = 3.145$	3.145	3	9.44	36
		箍筋					
9	$\Phi 10$		$(0.65 - 2 \times 0.03) \times 2 + (0.6 - 2 \times 0.03) \times 2 + 32 \times 0.01 = 2.58$	2.58	98	252.84	156
10	$\Phi 10$		$(0.65 - 2 \times 0.03)/3 \times 2 + (0.6 - 2 \times 0.03) \times 2 + 32 \times 0.01 = 1.793$	1.793	98	175.71	108
11	$\Phi 10$		$(0.65 - 2 \times 0.03) \times 2 + (0.6 - 2 \times 0.03)/3 \times 2 + 32 \times 0.01 = 1.86$	1.86	98	182.28	112
			合计				1 037

（4）钢筋质量的汇总

将钢筋长度结果进行分直径、分规格汇总并分别乘以钢筋理论质量得出钢筋工程量（质量以 t 为单位，保留三位小数）（表3-30）。

第五节 屋面及保温隔热工程计量

一、屋面工程计量

有一两坡水的坡形屋面，其外墙中心线长度为 40 m，宽度为15 m，四面出檐距外墙外边线为 0.3 m，屋面坡度为 1∶1.333，外墙为 24 墙，试计算屋面工程量。

1. 资料准备

结构施工图、平法图集（03G101-1）、《混凝土结构设计规范》、屋面工程质量验收规范。

2. 计算基础

（1）屋面的种类和表示方法

屋面按结构形式分平屋面和坡屋面。屋面工程主要指屋面结构层（屋面板）或屋面木基层以上的工作内容。常见的坡屋面分两坡水和四坡水。

平屋面按照屋面的防水做法不同可分为卷材防水屋面、刚性防水屋面、涂料防水屋面等。其结构层以上由找坡层、保温隔热层、找平层、防水层等构成。

（2）屋面坡度的表示方法（图3-48）

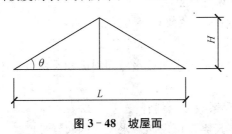

图3-48 坡屋面

① 用屋顶的高度与屋顶的跨度之比(简称高跨比)表示,即 H/L。

② 用屋顶的高度与屋顶的半跨之比(简称坡度)表示,即 $i = H/(L/2)$。

③ 用屋面的斜面与水平面的夹角(θ)表示。

(3) 工程内容

"瓦屋面"项目适用于小青瓦、平瓦、琉璃瓦、石棉水泥瓦、玻璃钢瓦等。"型材屋面"项目适用于压型钢板、金属压型夹心板、阳光板等。包括檩条、椽子、木屋面板、顺水条、挂瓦条等。

(4) 工程量计算规则

清单工程量计算规则:如图3-49所示,按设计图示尺寸以斜面积计算。不扣除房上烟囱、风帽底座、风道、小气窗、斜沟等的面积,小气窗的出檐部分不增加。

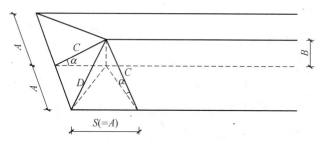

屋面斜面积=屋面水平投影面积×屋面坡度系数

图3-49 坡屋面工程量计算

定额工程量计算规则:同清单规则。

(5) 工程量计算方法

坡度系数:延尺系数 C、偶延尺系数 D。

① 延尺系数 C=斜长/水平长。

利用延尺系数可求两坡水屋面斜面积及两坡水屋面沿山墙泛水长度。

② 偶延尺系数 D=斜脊长/水平长。

利用偶延尺系数可求四坡水屋面的斜脊长度。

3. 计算步骤

① 步骤一:屋面水平投影面积＝长×宽。

长 ＝ 40＋0.12×2＋0.30×2 ＝ 40.84(m)。

宽 ＝ 15＋0.12×2＋0.30×2 ＝ 15.84(m)。

水平投影面积 ＝ 40.84×15.84 ＝ 646.91(m²)。

② 步骤二:屋面坡度系数(表3-31)。

坡度为 1:1.333＝B/A＝0.75/1,查表知,k＝1.25。

表 3-31　步骤二

坡度			延尺系数 C	隔延尺系数
以高度 B 表示 (当 A＝1 时)	以高跨比表示 (当 B/2A＝1 时)	以角度表示(α)	(A＝1)	D(A＝1)
1	1/2	45°	1.414 2	1.732 1
0.75		36°52′	1.250 0	1.600 8
0.666	1/3	33°40′	1.201 5	1.562 0
0.5	1/4	26°34′	1.118 0	1.500 0
0.4	1/5	21°48′	1.077 0	1.469 7
0.2	1/10	11°19′	1.019 8	1.428 3
0.1	1/20	5°42′	1.005 0	1.417 7

③ 步骤三:计算屋面工程量(表3-32)。

$S = 646.91 \times 1.25 = 808.64(m^2)$。

表 3-32　步骤三

序号	项目编码	项目名称	项目特征描述	计量单位	工程量	综合单价	合价	其中:暂估价
						金额(元)		
1	010901001001	瓦屋面	屋面坡度为 1:1.333	m²	808.64			

二、屋面卷材防水工程计量

如图3-50所示为某上人屋面防水层,采用15mm厚1:3水泥砂浆填充找平,冷底子油一道,SBS卷材防水层,20 mm厚1：3水泥砂浆铺60 mm厚400 mm×400 mm预制混凝土板。求该防水层的工程费。

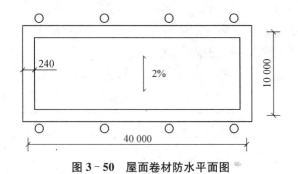

图3‑50 屋面卷材防水平面图

1. 资料准备

结构施工图、屋面卷材防水规范。

2. 计算基础

（1）定义卷材屋面系指在平屋面结构层上用卷材（油毡、玻璃布）和沥青、油膏等黏结材料铺贴而成的屋面。

（2）工程内容

包含基层处理、抹找平层、刷底油、铺油毡卷材、接缝、嵌缝、铺保护层。

（3）工程量计算规则

屋面卷材防水清单工程量计算规则：按设计图示尺寸以面积计算。

①斜屋顶按斜面积计算,平屋顶按水平投影面积计算。

②不扣除房上烟囱、风帽底座、风道、屋面小气窗和斜沟的面积。

③屋面的女儿墙、伸缩缝和天窗等处的弯起部分,并入屋面工程量内。如图纸无规定时,伸缩缝、女儿墙的弯起部分可按250 mm计算,天窗弯起部分可按500 mm计算。

$$S = S_{斜}(屋面坡度 > 10\%) 或 S_{水平投影}(屋面坡度 \leqslant 10\%) +$$

$$S_{弯起}(女儿墙、天窗和伸缩缝处)$$

定额工程量计算规则:同清单规则。

3. 计算(表3-33)

屋面卷材防水清单工程量:$S = (40 - 0.24) \times (10 - 0.24) + (39.76 + 9.76) \times 2 \times 0.25 = 412.82(m^2)$。

表3-33 分部分项工程量清单与计价表

序号	项目编码	项目名称	项目特征描述	计量单位	工程量	金额(元)		
						综合单价	合价	其中:暂估价
1	010902001001	屋面卷材防水	15 mm厚1∶3水泥砂浆填充找平;冷底子油一道,SBS卷材防水层;20 mm厚1∶3水泥砂浆铺60 mm厚400 mm×400 mm预制混凝土板	m^2	412.82			

三、保温隔热屋面工程计量

某办公楼屋面240 mm女儿墙轴线尺寸12 m×50 m,平屋面构造如图3-51所示,计算屋面防水和保温的清单工程量。

1. 资料准备

结构施工图、屋面保温隔热规范。

2. 计算基础

用于中、低、恒温厂房的墙

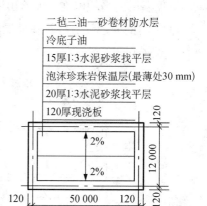

图3-51 屋面防水保温平面图

面、地面、天棚、屋面。重点讲常用的保温隔热屋面。

（1）工作内容

包含基础清理、铺设保温层、刷防护材料种类。

注意：

① 屋面保温隔热层上的防水层应按屋面的防水项目单独列项。

② 预制隔热板屋面的隔热板按混凝土及钢筋混凝土工程相关项目编码列项。清单应明确描述砖墩砌筑尺寸。

③ 屋面保温隔热的找坡、找平层应包括在报价内，如果屋面防水层项目包括找平层和找坡，屋面保温隔热不再计算，以免重复。

（2）项目特征

描述保温隔热材料品种、规格，黏结材料种类，防护材料种类。

（3）清单工程量计算规则

保温隔热屋面、保温隔热天棚计算规则：按设计图示尺寸以面积计算。不扣除柱、垛所占面积。

（4）定额工程量计算规则

保温层应区别不同保温材料，按实铺体积以 m^3 计算工程量标准图集中，一般给出屋面坡度和保温层的最薄厚度，此时应注意计算保温层的平均厚度。如给出屋面坡度 $a\%$ 和找坡保温层的最薄厚度 h，此时应注意计算找坡层的平均厚度 $h_{平均}$（图 3-52）。

双面坡：

$$V = L \times 2A \times h_{平均}$$

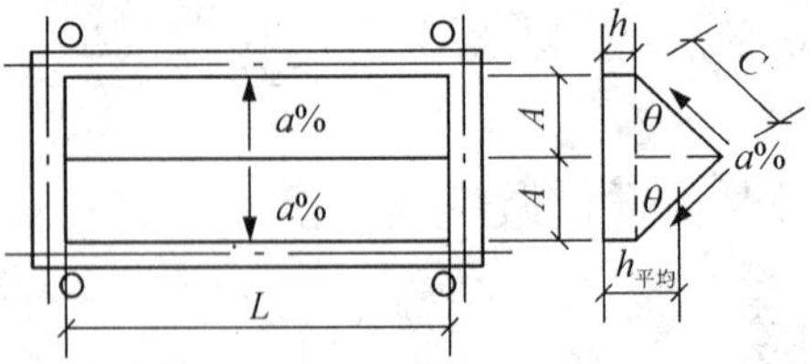

图 3-52 工程量标准图

单面坡：

$$V = L \times A \times h_{平均}$$
$$h_{平均} = h + a\% \times A/2$$

3. 计算步骤

① 屋面卷材防水：$S = (50 - 0.24) \times (12 - 0.24) + (49.76 + 11.76) \times 2 \times 0.25 = 615.94(m^2)$。

② 屋面保温：$S = (50 - 0.24) \times (12 - 0.24) = 585.18(m^2)$。

第六节　装饰装修工程计量

一、楼地面工程计量

某工程局部平面图如图 3-53 所示，男女厕所间隔墙厚 120 mm，其余墙厚 240 mm，厕所采用 1.8 m 高瓷砖墙裙，走廊采用 1.5 m 花岗岩墙裙，室内楼地面做法见表 3-34（卫生间门宽为 900 mm，办公室门宽 1 200 mm）。试计算该工程楼地面工程量，并编列项目工程量清单。

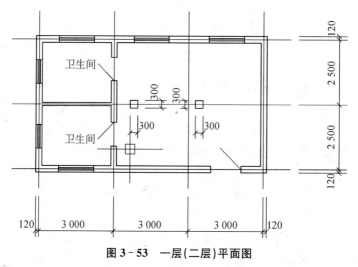

图 3-53　一层(二层)平面图

表 3‑34　楼地面做法设计说明

序号	装饰构造做法	适用房间或部位
地面1 防滑地砖地面	8 mm 厚 300 mm×300 mm 防滑地砖密缝;10 mm 厚 1∶2 干硬性水泥砂浆结合层;刷素水泥浆一道;水泥砂浆随捣随抹 60 mm 厚 C10 混凝土;100 mm 厚碎石垫层夯实;素土夯实	卫生间
楼面1 花岗岩地面	600 mm×600 mm 花岗岩(印度红);1∶2 水泥砂浆镶贴;20 mm 厚 1∶3 水泥砂浆找平;现浇钢筋混凝土楼板面	办公室
花岗岩踢脚线	花岗岩(黑金砂)踢脚线高 120 mm;10 mm 厚 1∶2 水泥砂浆面结合层;刷素水泥浆一道;15 mm 厚 1∶3 水泥砂浆找平层	办公室

1. 资料准备

建筑施工图、结构施工图、楼地面做法规范及相关规程。

2. 计算基础

(1)整体面层和块料面层

① 使用各种面层对楼地面进行装饰的工艺称作楼地面工程。楼地面是地面和楼面的总称,一般由基层、垫层、找平层、面层等组成。

② 楼地面工程分类:楼地面工程以施工工艺和使用材料的角度进行划分,可分为整体式楼地面和块材式楼地面等;以使用要求的不同可分为普通地面、特种楼地面等;以材料的不同可分为木地板、水泥砂浆、现浇水磨石、混凝土、软质制品楼地面等。

③ 清单项目设置:整体面层包括水泥砂浆楼地面、现浇水磨石楼地面、细石混凝土楼地面及菱苦土楼地面四个项目。适用楼面、地面所做的整体面层工程。整体面层清单项目设置见表 3‑35。

④ 整体面层适用范围:"水泥砂浆""细石混凝土"楼地面项目适用于面层工程列项,内容包含面层下各层。"现浇水磨石楼地面"项目适用于普通现浇水磨石和彩色现浇水磨石楼地面,预制水磨石楼地面应按块料面层列项。

表 3 - 35 整体面层清单项目设置

项目编码	项目名称	项目特征	工程内容
011101001	水泥砂浆楼地面	① 垫层材料种类、厚度 ② 找平层厚度、砂浆配合比 ③ 防水层厚度、材料种类 ④ 面层厚度、砂浆配合比	① 基层清理 ② 垫层铺设 ③ 抹找平层 ④ 防水层铺设 ⑤ 抹面层 ⑥ 材料运输
011101002	现浇水磨石楼地面	① 垫层材料种类、厚度 ② 找平层厚度、砂浆配合比 ③ 防水层厚度、材料种类 ④ 面层厚度、水泥石子浆配合比 ⑤ 嵌条材料种类、规格 ⑥ 石子种类、规格、颜色 ⑦ 颜料种类、颜色 ⑧ 图案要求 ⑨ 磨光、酸洗、打蜡要求	① 基层清理 ② 垫层铺设 ③ 抹找平层 ④ 防水层铺设 ⑤ 面层铺设 ⑥ 嵌缝条安装 ⑦ 磨光、酸洗、打蜡 ⑧ 材料运输
011101003	细石混凝土楼地面	① 垫层材料种类、厚度 ② 找平层厚度、砂浆配合比 ③ 防水层厚度、材料种类 ④ 面层厚度、混凝土强度等级	① 基层清理 ② 垫层铺设 ③ 抹找平层 ④ 防水层铺设 ⑤ 面层铺设 ⑥ 材料运输

⑤ 整体面层清单项目工程量计算：

计量单位：m^2。按设计图示尺寸以面积计算。

应扣除：凸出地面构筑物、设备基础、室内铁道、地沟等所占面积。

不扣除：间壁墙和 0.3 m^2 以内的柱、垛、附墙烟囱及孔洞所占面积。

不增加：门洞、空圈、暖气包槽、壁龛的开口部分面积。

⑥ 块料面层清单项目设置：块料面层包括石材楼地面、块料楼地面两个项目。块料面层清单项目设置见表 3 - 36。

表3-36　块料面层清单项目设置

项目编码	项目名称	项目特征	工程内容
011102001	石材楼地面	① 垫层材料种类、厚度 ② 找平层厚度、砂浆配合比 ③ 防水层、材料种类 ④ 填充材料种类、厚度 ⑤ 结合层厚度、砂浆配合比 ⑥ 面层材料品种、规格、品牌、颜色 ⑦ 嵌缝材料种类 ⑧ 防护层材料种类 ⑨ 酸洗、打蜡要求	① 基层清理、铺设垫层、抹找平层 ② 防水、填充层铺设 ③ 面层铺设 ④ 嵌缝 ⑤ 刷防护材料 ⑥ 酸洗、打蜡 ⑦ 材料运输
011102003	块料楼地面		

⑦ 块料面层适用范围：

a. "石材楼地面"项目适用于大理石、花岗岩等天然石材楼地面。

b. "块料楼地面"项目适用于地砖类、预制混凝土类块料镶贴的楼地面。

⑧ 清单项目工程量计算：

计量单位：m²。按设计图示尺寸以面积计算。

应扣除：凸出地面构筑物、设备基础、室内铁道、地沟等所占面积。

不扣除：间壁墙和0.3 m²以内的柱、垛、附墙烟囱及孔洞所占面积。

不增加：门洞、空圈、暖气包槽、壁龛的开口部分面积。

（2）踢脚线（编码011105）

① 清单项目设置：踢脚线清单项目按材料做法划分,列有水泥泥浆踢脚线、石材踢脚线、块料踢脚线、现浇水磨石踢脚线、塑料板踢脚线、木质踢脚线、防静电踢脚线等八个项目。踢脚线项目设置见表3-37。

② 适用范围："踢脚线"项目适用于各种楼地面与楼梯装饰工程中的踢脚线。

表 3‑37 踢脚线清单项目设置

项目编码	项目名称	项目特征	工程内容
011105001	水泥砂浆踢脚线	① 踢脚线高度 ② 底层厚度、砂浆配合比 ③ 面层厚度、砂浆配合比	① 基层清理 ② 底层抹灰 ③ 面层铺贴 ④ 勾缝 ⑤ 磨光、酸洗、打蜡 ⑥ 刷防护材料 ⑦ 材料运输
011105002	石材踢脚线	① 踢脚线高度 ② 底层厚度、砂浆配合比 ③ 黏结层厚度、材料种类 ④ 面层材料品种、规格、品牌、颜色 ⑤ 勾缝材料种类 ⑥ 防护材料种类	
011105003	块料踢脚线		
011105004	现浇水磨石踢脚线	① 踢脚线高度 ② 底层厚度、砂浆配合比 ③ 面层厚度、水泥石子浆配合比 ④ 石子种类、规格、颜色 ⑤ 颜料种类、颜色 ⑥ 磨光、酸洗、打蜡要求	
011105005	塑料板踢脚线	① 踢脚线高度 ② 底层厚度、砂浆配合比 ③ 黏结层厚度、材料种类 ④ 面层材料种类、规格、品牌、颜色	
011105006	本质踢脚线	① 踢脚线高度 ② 底层厚度、砂浆配合比 ③ 基层材料种类、厚度 ④ 面层材料品种、规格、品牌、颜色 ⑤ 防护材料种类 ⑥ 油漆品种、刷漆遍数	① 基层清理 ② 底层抹灰 ③ 基层铺贴 ④ 面层铺贴 ⑤ 刷防护材料 ⑥ 刷油漆 ⑦ 材料运输

③ 清单项目工程量计算:计量单位 m²,按设计图示长度乘以高度以面积计算。

④ 注意:

a. 不论是整体面层、块料面层还是楼梯装饰,清单规定都必须单独按踢脚线项目编码列项。

b. 在计算踢脚线面积时应扣除门洞、空圈等面积,门洞、空圈侧壁应展开。

c. 内墙、间壁墙如设计有双面踢脚线,计算时不要遗漏。

（3）楼梯装饰（编码 011106）

① 清单项目设置:楼梯装饰包括石材楼梯面层、块料楼梯面层、水泥砂浆楼梯面层、现浇水磨石楼梯面层、地毯楼梯面层、木楼梯面层六个项目。楼梯装饰项目设置见表 3-38。

表 3-38　楼梯装饰清单项目设置

项目编码	项目名称	项目特征	工程内容
011106001	石材楼梯面层	① 找平层厚度、砂浆配合比 ② 黏结层材料种类、厚度 ③ 面层材料品种、规格、品牌、颜色	① 基层清理 ② 抹找平层 ③ 面层铺贴 ④ 贴嵌防滑条
011106002	块料楼梯面层	④ 防滑条材料种类、规格 ⑤ 勾缝材料种类 ⑥ 防护材料种类 ⑦ 酸洗、打蜡要求	⑤ 勾缝 ⑥ 刷防护材料 ⑦ 酸洗、打蜡 ⑧ 材料运输
011106004	水泥砂浆楼梯面层	① 找平层厚度、砂浆配合比 ② 面层厚度、砂浆配合比 ③ 防滑条材料种类、规格	① 基层清理 ② 抹找平层 ③ 抹面层 ④ 抹防滑条 ⑤ 材料运输
011106005	现浇水磨石楼梯面层	① 找平层厚度、砂浆配合比 ② 面层厚度、砂浆配合比 ③ 防滑条材料种类、规格 ④ 石子种类、规格、颜色 ⑤ 颜料种类、颜色 ⑥ 磨光、酸洗、打蜡要求	① 基层清理 ② 抹找平层 ③ 抹面层 ④ 贴嵌防滑条 ⑤ 磨光、酸洗、打蜡 ⑥ 材料运输

② 适用范围:楼梯清单项目适用于各类室内外楼梯面层装饰工程。

③ 清单项目工程量计算:计量单位 m²,按设计图示尺寸以楼梯(包括踏步、休息平台及 500 mm 以内的楼梯井)水平投影面积计算。楼梯与楼地面相连时,算至梯口梁外侧边沿;无梯口梁者,算至最上一层踏步边沿加 300 mm。

④ 注意:

a. 楼梯侧面装饰,可按零星项目的编码列项,并在清单项目特征中进行描述。

b. 楼梯底面装饰,按相应天棚项目的编码列项,在计算面积时,水平梯段部分和休息平台按水平投影面积;板式楼梯板底斜面部分按斜面积计算。

c. 楼梯踢脚线按踢脚线项目的编码列项,工程量按图示尺寸计算。

d. 楼梯如设计为不等梯段,按分段计算面积。

e. 单跑楼梯不论中间是否有休息平台,其工程量与双跑楼梯计算规则相同。

(4)扶手、栏杆、栏板装饰(编码 011503)

① 清单项目设置:扶手、栏杆、栏板装饰包括金属木扶手带栏杆栏板、硬木扶手带栏杆栏板、塑料扶手带栏杆栏板、金属靠墙扶手、硬木靠墙扶手、塑料靠墙扶手六个项目。扶手、栏杆、栏板装饰项目设置见表 3 - 39。

表 3 - 39 扶手、栏杆、栏板装饰清单项目设置

项目编码	项目名称	项目特征	工程内容
011503001	金属扶手带栏杆、栏板	① 扶手材料种类、规格、品牌、颜色 ② 栏杆材料种类、规格、品牌、颜色 ③ 栏板材料种类、规格、品牌、颜色 ④ 固定配件种类 ⑤ 防护材料种类 ⑥ 油漆品种、刷漆遍数	① 制作 ② 运输 ③ 安装 ④ 刷防护材料 ⑤ 刷油漆
011503002	硬木扶手带栏杆、栏板		
011503004	金属靠墙扶手	① 扶手材料种类、规格、品牌、颜色 ② 固定配件种类 ③ 防护材料种类 ④ 油漆品种、刷漆遍数	
011503005	硬木靠墙扶手		

② 适用范围:扶手、栏杆、栏板装饰清单项目适用于各类楼梯、阳台、走廊、护窗上的栏杆(板)及其他装饰性扶手、栏杆、栏板。

③ 清单项目工程量计算:计量单位 m。按设计图示尺寸以扶手中心线长度(包括弯头长度)计算。

④ 注意:

a. 计算时应注意查看栏杆大样图,明确各部分尺寸。为方便计算,斜长一般按水平长度乘以 1.15 计算。

b. 需油漆的扶手、栏杆、栏板应标注不同计量单位的工程量 m^2,t 等。

(5) 台阶装饰(编码 011107)

① 清单项目设置:台阶装饰按材料做法分石材台阶面、块料台阶面、水泥砂浆台阶面、现浇水磨石台阶面、剁假石台阶面五个项目。台阶装饰项目设置见表 3-40。

表 3-40　台阶装饰清单项目设置

项目编码	项目名称	项目特征	工程内容
011107001	石材台阶面	① 垫层材料种类、厚度 ② 找平层厚度、砂浆配合比 ③ 黏结层材料种类 ④ 面层材料品种、规格、品牌、颜色 ⑤ 勾缝材料种类 ⑥ 防滑条材料种类、规格 ⑦ 防护材料种类	① 基层清理、抹找平层 ② 铺设垫层 ③ 抹找平层 ④ 面层铺贴 ⑤ 贴嵌防滑条 ⑥ 勾缝 ⑦ 刷防护材料 ⑧ 材料运输
011107002	块料台阶面		
011107004	水泥砂浆台阶面	① 垫层材料种类、厚度 ② 找平层厚度、砂浆配合比 ③ 面层厚度、砂浆配合比 ④ 防滑条材料种类	① 清理基层 ② 铺设垫层 ③ 抹找平层 ④ 抹面层 ⑤ 抹防滑条 ⑥ 材料运输

(续表)

项目编码	项目名称	项目特征	工程内容
011107005	现浇水磨石台阶面	① 垫层材料种类、厚度 ② 找平层厚度、砂浆配合比 ③ 面层厚度、水泥石子浆配合比 ④ 防滑条材料种类、规格 ⑤ 石子种类、规格、颜色 ⑥ 颜料种类、颜色 ⑦ 磨光、酸洗、打蜡要求	① 清理基层 ② 铺设垫层 ③ 抹找平层 ④ 抹面层 ⑤ 贴嵌防滑条 ⑥ 打磨、酸洗、打蜡 ⑦ 材料运输

② 适用范围:台阶装饰清单项目适用于不同装饰面层的台阶工程。

③ 清单项目工程量计算:计量单位 m²,按设计图示尺寸以台阶(包括最上层踏步边沿加 300 mm)水平投影面积计算。

④ 注意:

a. 台阶及台阶挡墙实体部分应根据材料单独编列项目。如台阶、台阶挡墙设计用砖砌应按 D.1 零星砌砖 010404013×××列项;如台阶设计用混凝土,则按 E.7 现浇混凝土台阶 010507003×××列项。

b. 台阶与平台相连时,台阶按最上层踏步边沿均加 300 mm,其余按相应楼地面面层项目编码列项。

c. 台阶侧面装饰应按 K.8 零星装饰项目编码列项。

3. 计算步骤

① 计算楼地面工程量。

a. 花岗岩地面:$S = (6-0.24) \times (5-0.24) = 27.42 (\text{m}^2)$。

b. 300 mm × 300 mm 防滑地砖地面:$S = (3-0.24) \times (5-0.24) = 13.14 (\text{m}^2)$。

c. 花岗岩踢脚线:$S = [(6-0.24+5-0.24) \times 2 - 0.9 \times 2 - 1.2 + 0.24 \times 3 + 0.3 \times 4 \times 2] \times 0.12 = 2.54 (\text{m}^2)$。

② 编制分部分项工程量清单(表 3-41)。

表 3－41　楼地面分部分项工程量清单

序号	项目编码	项目名称	项目特征	计量单位	工程数量
2	011102003001	块料地面	8 mm 厚 300 mm×300 mm 防滑地砖铺贴(密缝),10 mm 厚 1∶2 干硬性水泥砂浆结合层,刷素水泥浆一道,60 mm 厚 C10 混凝土,水泥砂浆随捣随抹,100 mm 厚碎石垫层夯实	m²	27.42
3	011102003002	块料地面(会议室)	600 mm×600 mm 花岗岩(印度红),10 mm 厚 1∶2 水泥砂浆结合层,20 mm 厚 1∶3 水泥砂浆找平	m²	13.14
4	011105003001	石材踢脚线	花岗岩黑金砂踢脚线,高 120 mm,10 mm 厚 1∶2 水泥砂浆结合层,刷素水泥浆一道,15 mm 厚 1∶3 水泥砂浆找平层	m²	2.54

二、墙柱面工程计量

如图 3－54,3－55 所示,设计要求室内墙面抹混合砂浆,室内净高 3.5 m,外墙 370 mm,内墙 240 mm,女儿墙 240 mm,屋面卷材防水上翻高度 250 mm,窗底标高 0.900 m,室内外高差 300 mm。门窗表见表 3－42,计算内外墙抹灰工程量。

1. 资料准备

建筑施工图、结构施工图、墙柱面做法规范及相关规程。

2. 计算基础

(1)墙柱面工程的分类

墙柱面装修可分为抹灰类、镶贴类、涂料类、裱糊类和镶钉类。

(2)墙柱面工程的施工工艺

① 墙柱面抹灰。抹灰工程施工是分层进行的,这样有利于抹灰牢固、抹面平整以及保证质量。

抹灰主要用到的工具有刮杠(大 2.5 m,中 1.5 m)、靠尺板、线坠、钢卷尺、方尺托灰板、抹子等。

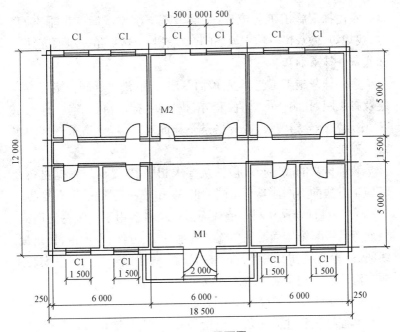

图 3 - 54　平面图

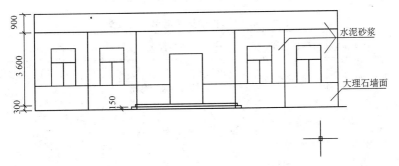

图 3 - 55　立面图

表 3 - 42　门窗表

门窗编号	洞口尺寸(m)	数量	合计面积(m²)
C1	1.5×1.8	10	27
M1	2×2.7	1	5.4
M2	1.2×2.1	10	25.2

室内抹灰施工工艺流程：基层清理→浇水湿润→吊垂直、套方、找规矩、做灰饼→抹水泥踢脚(或墙裙)→做护角→墙面充筋→抹底灰→抹罩面灰。

室外抹灰施工工艺流程：墙面基层处理、浇水湿润→堵门窗口缝及脚手眼、孔洞→吊垂直、套方、找规矩、抹灰饼、充筋→抹底层灰、中层灰→分格弹线、嵌分格条→抹面层灰、起分格条→抹滴水线→养护。

装饰抹灰的底层与一般抹灰要求相同，只是面层根据材料及其施工方法的不同而具有不同的形式，相较一般抹灰，稍有复杂。

② 墙柱面镶贴块料。墙柱面镶贴块料多用于建筑物的墙面、柱面等高级装饰墙面。主要施工有水平尺、方尺、靠尺板、托线板、线坠、砂轮、裁割机、灰板、抹子、钢丝刷、大小锤子等工具。安装主要有湿法安装和干法安装两种方法。

(3) 墙柱面抹灰清单项目设置

墙面抹灰和柱面抹灰均包括一般抹灰、装饰抹灰及勾缝各三个项目。墙面抹灰、柱面抹灰清单项目设置见表 3-43。

表 3-43　墙、柱面抹灰清单项目设置

项目编码	项目名称	项目特征	工程内容
011201001	墙面一般抹灰	① 墙体类型 ② 底层厚度、砂浆配合比 ③ 面层厚度、砂浆配合比 ④ 装饰面材料种类 ⑤ 分格缝宽度、材料种类	① 基层清理 ② 砂浆制作、运输 ③ 底层抹灰 ④ 抹面层 ⑤ 抹装饰面 ⑥ 勾分格缝
011201002	墙面装饰抹灰		
011202001	柱面一般抹灰	① 柱体类型 ② 底层厚度、砂浆配合比 ③ 面层厚度、砂浆配合比 ④ 装饰面材料种类 ⑤ 分格缝宽度、材料种类	
011202002	柱面装饰抹灰		

(4) 清单项目工程量计算规则

① 墙面抹灰工程量计算规则：计量单位 m^2。设计图示尺寸以面积计算。扣除墙裙、门窗洞口及单个面积超过 $0.3\ m^2$ 的孔

洞,不扣除踢脚线、挂镜线和墙与构件交接处(指墙与梁的交接处所占面积)的面积,门窗洞口和孔洞的侧壁及顶面不增加面积。附墙柱、梁、垛、烟囱侧壁并入相应的墙面面积内。计算公式如下:

外墙抹灰的面积按外墙垂直投影面积计算:

$$S = L_外 \times H - S_{应扣} + S_{应增}$$

式中 $L_外$——外墙外边线周长;

H——抹灰实际高度,如设计无外墙裙,那么抹灰的实际高度从设计室外地墙算至外墙檐口高度;

$S_{应增}$——附墙柱、梁、垛、烟囱侧壁面积。

外墙裙抹灰的面积按其长度乘以高度计算:

$$S = L_{外墙裙} \times h_{墙裙}$$

内墙抹灰面积按主墙间的净长乘以高度计算:

$$S = L_{主墙净} \times H - S_{应扣} + S_{应增}$$

式中 $L_{主墙净}$——主墙间净长,主墙指墙厚在 120 mm 以上(不包括小于及等于 120 mm 的隔墙)的墙体;

H——抹灰实际高度,无墙裙的,则高度按室内楼地面至天棚底面计算,有墙裙的,则高度按墙裙顶至天棚底面计算。

内墙裙抹灰面积按内墙净长乘以高度计算:

$$S = L_内 \times h_{墙裙}$$

② 柱面抹灰工程量计算规则:计量单位 m^2。按设计图示柱断面周长(指结构断面周长)乘以高度以面积计算。

(5)墙面镶贴块料、柱梁面镶贴块料清单项目设置

墙面镶贴块料包括石材墙面、碎拼石材墙面、块料墙面和干挂石材钢骨架四个项目。柱面(梁面)镶贴块料包括石材柱面、碎拼石材柱面、块料柱面、石材梁面、块料梁面五个项目。常见清单项目设置见表 3-44。

表 3－44　墙、柱面镶贴块料清单项目设置

项目编码	项目名称	项目特征	工程内容
011204001	石材墙面	① 墙(柱)体类型 ② 底层厚度、砂浆配合比 ③ 黏结层厚度、材料种类 ④ 挂贴方式 ⑤ 干挂方式(膨胀螺栓、钢龙骨) ⑥ 面层材料品种、规格、品牌、颜色 ⑦ 缝宽、嵌缝材料种类 ⑧ 防护材料种类 ⑨ 磨光、酸洗、打蜡要求	① 基层清理 ② 砂浆制作、运输 ③ 底层抹灰 ④ 结合层铺贴 ⑤ 面层铺贴 ⑥ 面层挂贴 ⑦ 面层干挂 ⑧ 嵌缝 ⑨ 刷防护材料 ⑩ 磨光、酸洗、打蜡
011204003	块料墙面		
011205001	石材柱面		
011205003	块料柱面		
011205004	石材梁面		
011205005	块料梁面		
011204004	干挂石材钢骨架	① 骨架种类、规格 ② 油漆品种、刷油遍数	① 骨架制作、运输、安装 ② 骨架油漆

墙面镶贴块料、柱梁面镶贴块料清单工程量计算规则:

① 墙柱面镶贴材料:计量单位 m^2。按设计图示尺寸以镶贴表面积计算。

② 干挂石材钢骨架:计量单位 t。按设计图示尺寸以质量计算。

(6)墙饰面(编码 020207)、柱(梁)饰面(编码 020208)清单项目设置

墙面、柱(梁)饰面清单项目设置见表 3－45。

表 3－45　墙面、柱(梁)饰面清单项目设置

项目编码	项目名称	项目特征	工程内容
011207001	装饰板墙面	① 墙体类型 ② 垫层厚度、砂浆配合比 ③ 龙骨材料种类、规矩、中距 ④ 隔离层材料种类、规格 ⑤ 基层材料种类、规格 ⑥ 面层材料品种、规格、品牌、颜色 ⑦ 压条材料种类、规格	① 基层清理 ② 砂浆制作、运输 ③ 底层抹灰 ④ 龙骨制作、运输、安装 ⑤ 钉隔离层 ⑥ 基层铺钉

(续表)

项目编码	项目名称	项目特征	工程内容
011207001	装饰板墙面	⑧ 防护材料种类 ⑨ 油漆品种、刷漆遍数	⑦ 面层铺贴 ⑧ 刷防护材料、油漆
011208001	柱(梁)面装饰	① 柱(梁)体类型 ② 底层厚度、砂浆配合比 ③ 龙骨材料种类、规矩、中距 ④ 隔离层材料种类、规格 ⑤ 基层材料种类、规格 ⑥ 面层材料品种、规格、品牌、颜色 ⑦ 压条材料种类、规格 ⑧ 防护材料种类 ⑨ 油漆品种、刷漆遍数	

3. 计算步骤

① 步骤一:计算工程量。

a. 混合砂浆内墙面抹灰:

$S_1 = [(6-0.24+5-0.24) \times 2 \times 3.5 - 1.5 \times 1.8 \times 2 - 1.2 \times 2.1 \times 2] \times 3 = 189.6(\text{m}^2)$。

$S_2 = [(6-0.48+5-0.24+5-0.24) \times 2 \times 3.5 - 1.5 \times 1.8 \times 2 - 1.2 \times 2.1 \times 2] \times 2 = 189.68(\text{m}^2)$。

$S_3 = (18-0.24+6.5+0.24) \times 2 \times 3.5 - 1.2 \times 2.1 \times 10 - 2 \times 2.7 = 137.54(\text{m}^2)$。

$S_总 = 189.6 + 189.68 + 137.54 = 516.82(\text{m}^2)$。

b. 大理石外墙面:

$S = (18.5+12) \times 2 \times (0.9+0.3) - 0.9 \times 2 - (0.3 \times 6.6 + 0.15 \times 0.3 \times 2) = 32.73(\text{m}^2)$。

c. 水泥砂浆外墙面:

$S_1 = (18.5+12) \times 2 \times (3.6+0.9-0.9) - 10 \times 1.5 \times 1.8 - 2 \times (2.7-0.9) = 189(\text{m}^2)$。

$S_2 = (18.5-0.24+12-0.24) \times 2 \times (0.9-0.25) =$

$39.026(m^2)$。

$S_总 = 228.026(m^2)$。

② 步骤二:编制分部分项工程量清单(表3-46)。

表3-46 步骤二

项目编码	项目名称	项目特征	计量单位	工程量
011201001001	墙面一般抹灰	① 内墙 ② 混合砂浆 M5	m^2	516.82
011201001002	墙面一般抹灰	① 外墙 ② 水泥砂浆 M5	m^2	228.03
011204001001	石材墙面	① 外墙 ② 大理石	m^2	32.73

三、天棚工程计量

某现浇钢筋混凝土天棚如图3-56所示。柱截断面为 $400\ mm \times 400\ mm$,天棚刮壳水泥浆一道(按5%的107胶),$7\ mm$ 厚1:3水泥砂浆打底,$3\ mm$ 厚1:0.5:3水泥石灰砂浆面、白乳胶漆二遍,A,B,①,②轴外墙 $240\ mm$ 厚与梁外边线齐平。试计算天棚抹灰工程量并编列项目工程量清单。

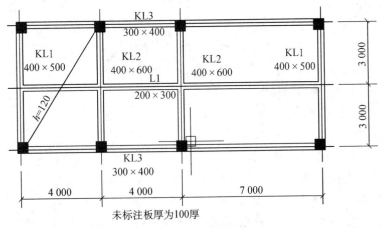

未标注板厚为100厚

图3-56 平面图

1. 资料准备

建筑施工图、结构施工图、天棚做法规范及相关规程。

2. 计算基础

（1）天棚工程的分类

顶棚又称为平顶或天花板,是楼板层的最下面部分,是建筑物室内主要饰面之一。常见顶棚的分类主要有几类:

① 直接式顶棚。直接式顶棚即在屋面板、楼板等的底面直接喷浆、抹灰、粘贴壁纸、粘贴面砖、粘贴钉接石膏板条与其他板材等饰面材料。其中包括直接抹灰顶棚、直接搁栅顶棚、结构顶棚。

② 悬吊式顶棚。悬吊式顶棚又称"天棚吊顶",它距离屋顶或楼板的下表面有一定的高度,并通过悬挂物与主体结构连接在一起。这类顶棚类型较多,构造复杂。包括整体式吊顶、板材吊顶和开敞式吊顶。悬吊式顶棚多数是由吊筋、龙骨和面板三大部分组成。

（2）天棚工程施工工艺

① 天棚抹灰施工工艺:施工准备→基层处理→找规矩→分层抹灰→罩面装饰抹灰。

② 天棚吊顶施工工艺:安装吊点紧固件→沿吊顶标高线固定墙边龙骨→刷防火漆→拼接龙骨→分片吊装与吊点固定→分片间的连接→预留孔洞→整体调整→安装饰面板。

（3）天棚抹灰清单项目设置（编码 020301）

天棚抹灰清单项目设置见表 3 - 47。

表 3 - 47　天棚抹灰清单项目设置

项目编码	项目名称	项目特征	工程内容
011301001	天棚抹灰	① 基层类型 ② 抹灰厚度、材料种类 ③ 装饰线条道数 ④ 砂浆配合比	① 基层清理 ② 底层抹灰 ③ 抹面层 ④ 抹装饰线条

（4）天棚抹灰清单项目工程量计算规则

计量单位 m²。按设计图示尺寸以水平投影面积计算。不扣除间壁墙、垛、柱、附墙烟囱、检查口和管道所占的面积。带梁天棚、梁两侧抹灰面积并入天棚面积内计算。板式楼梯底面抹灰按斜面积计算,锯齿形楼梯底板抹灰按展开面积计算。计算公式如下:

天棚抹灰面积按主墙间水平投影面积计算:

$$S = B \times L + \sum L_梁 \times h_w \times n$$

式中　L——室内主墙间净长;

　　　B——室内主墙间净宽;

　　$L_梁$——梁净长;

　　h_w——梁突出板底高度;

　　　n——梁侧面个数。

(5)天棚吊顶清单项目设置(编码020302)

天棚吊顶清单项目包括天棚吊顶、格栅吊顶、吊筒吊顶、藤条造型悬挂吊顶、织物软雕吊顶、网架(装饰)吊顶六个项目。其中天棚吊顶项目设置见表3-48。

表3-48　天棚吊顶清单项目设置

项目编码	项目名称	项目特征	工程内容
011302001	天棚吊顶	① 吊顶形式 ② 龙骨材料种类、规格、中距 ③ 基层材料种类、规格 ④ 面层材料品种、规格、品牌、颜色 ⑤ 压条材料种类、规格 ⑥ 嵌缝材料种类 ⑦ 防护材料种类 ⑧ 油漆品种、刷漆遍数	① 基层清理 ② 龙骨安装 ③ 基层板铺贴 ④ 面层铺贴 ⑤ 嵌缝 ⑥ 刷防护材料、油漆

(6)天棚吊顶清单项目工程量计算规则

计量单位 m²。按设计图示尺寸以水平投影面积计算。不扣除间壁墙、检查口、附墙烟囱、柱垛和管道所占的面积,扣除单个面积超过 0.3 m² 的孔洞、独立柱及与天棚相连的窗帘盒所占的面积。天棚面中的灯槽及跌级、锯齿形、吊挂式、藻井式天棚面积不展开计算。

(7) 天棚其他装饰清单项目设置(编码 020303)

天棚其他装饰清单项目包括灯带与送风口、回风口两个项目。其项目设置见表 3-49。

表 3-49　天棚其他装饰清单项目设置

项目编码	项目名称	项目特征	工程内容
011304001	灯带	① 灯带型式、尺寸 ② 格栅片材料品种、规格、品牌、颜色 ③ 安装固定方式	安装、固定
011304002	送风口、回风口	① 风口材料品种、规格、品牌、颜色 ② 安装固定方式 ③ 防护材料种类	① 安装、固定 ② 刷防护材料

(8) 天棚其他装饰清单项目工程量计算规则

① 灯带:计量单位 m²。按设计图示尺寸以框外围面积计算。

② 送风口、回风口:计量单位为"个"。按设计图示数量计算。

3. 计算基础

① 步骤一:计算天棚抹灰工程量。

$S_1 = (4-0.04+0.2) \times (6-0.09 \times 2) = 24.211 (\text{m}^2)$。

$S_{1梁侧} = (4-0.4) \times (0.3-0.12) \times 2 + (6-0.25 \times 2) \times (0.6-0.12) - (0.3-0.12) \times 0.2 = 3.9 (\text{m}^2)$。

$S_2 = (11-0.2-0.04) \times (6-0.09 \times 2) = 62.623 (\text{m}^2)$。

$S_{2梁侧} = (6-0.5) \times (0.6-0.1) - (0.3-0.1) \times 0.2 + (6-0.25 \times 2) \times (0.6-0.1) \times 2 - (0.3-0.1) \times 0.2 \times 2 + (11-0.2 \times 2) \times (0.3-0.1) \times 2 - (0.3-0.1) \times 0.4 \times 2 = 12.21 (\text{m}^2)$。

$S_总 = 24.211 + 3.9 + 62.623 + 12.21 = 102.944 (\text{m}^2)$。

② 步骤二:编制天棚抹灰的工程量清单(表 3 - 50)。

表 3 - 50　步骤二

项目编码	项目名称	项目特征	计量单位	工程数量
011301001001	天棚抹灰	① 棚刮壳水泥浆一道(按 5%的 107 胶) ② 7 mm 厚 1∶3 水泥砂浆打底 ③ 3 mm 厚 1∶0.5∶3 水泥石灰砂浆面、白乳胶漆二遍	m²	102.944

四、门窗工程计量

如图 3 - 57 所示,某工程某层平面图、门窗列表见表 3 - 51,其中塑钢门窗框扇断面选用 90 mm,5 mm 白片玻璃;木门窗框断面 60 mm,3 mm 白片玻璃。求门窗工程的工程量数量并编制清单表。

表 3 - 51　门窗表　　　　　(mm)

门窗表标示栏	
M1	1 450 × 2 100
M2	1 000 × 2 100
M3	1 000 × 2 100
C1	1 100 × 900
C2	1 100 × 900
C3	1 600 × 1 200

1. 资料准备

建筑施工图、结构施工图、门窗做法规范及相关规程。

2. 计算基础

(1)门窗的类型

① 按材料分类。

按门所采用材料不同可分为木门、金属门、金属卷帘门和其他门(有特殊要求的门)。

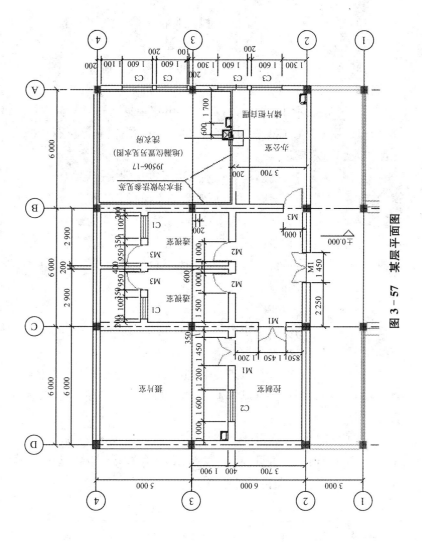

图 3 – 57　某层平面图

按窗所采用材料不同可分为木窗、钢窗、铝合金窗、玻璃钢窗、塑料窗、塑钢窗等复合型材料制作的窗。

② 按开启方式分类。

门的分类：平开门、弹簧门、推拉门、折叠门、转门、上翻门、卷帘门等。

窗的分类：平开窗、悬窗、立转窗、推拉窗、固定窗等。

（2）门窗套、贴脸、筒子板

门窗套是指对门窗洞口外围周边，用宽板进行覆盖的高级装饰，可以采用木质门窗套、不锈钢门窗套或石材门窗套等。有较好的保护及装饰效果。

门窗贴脸是指对门窗洞口外围周边所进行的一般装饰。当门窗洞口周边不做门窗套时，可采用较窄的木质板条或塑料板条，把门窗框与墙之间的缝隙遮盖起来，这样的遮盖板条称为贴脸。

门窗筒子板是指对门窗洞口内圈洞壁所进行的高级装饰。筒子板一般采用木质板材，基本上可分带木筋硬木板、不带木筋硬木板、木工板基层贴饰面板等。

（3）窗帘盒、窗台板

窗帘盒是指用以遮挡窗帘杆的装饰木盒，制作窗帘盒的材料有细木工板、饰面板、硬木板等。

窗台板是指对窗洞下口进行装饰的平板，板宽一般挑出墙面外 50 mm。按材料的不同基本上可分为硬木台板、饰面台板、大理石台板等。

（4）门窗工程清单项目设置

木门清单项目设置见表 3-52；金属门清单项目设置见表 3-53；金属卷帘门清单项目设置见表 3-54。

表 3-52　木门清单项目设置

项目编码	项目名称	项目特征	工程内容
010801001	镶板木门	① 门类型 ② 框截面尺寸、单扇面积	
	企口木板门		

（续表）

项目编码	项目名称	项目特征	工程内容
	实木装饰门	③ 骨架材料种类 ④ 面层材料品种、规格、品牌、颜色 ⑤ 玻璃品种、厚度，五金特殊要求 ⑥ 防护层材料种类 ⑦ 油漆品种、刷漆遍数	① 门制作、运输、安装 ② 五金、玻璃安装 ③ 刷防护材料、油漆
	胶合板门		
	夹板装饰门	① 门类型 ② 框截面尺寸、单扇面积 ③ 骨架材料种类 ④ 防水材料种类 ⑤ 门纱材料品种、规格 ⑥ 面层材料品种、规格、品牌、颜色 ⑦ 玻璃品种、厚度，五金特殊要求 ⑧ 防护材料种类 ⑨ 油漆品种、刷漆遍数	
010801004	木质防火门		
	木纱门		
010801003	连窗门	① 门窗类型 ② 框截面尺寸、单扇面积 ③ 骨架材料种类 ④ 面层材料品种、规格、品牌、颜色 ⑤ 玻璃品种、厚度，五金特殊要求 ⑥ 防护材料种类 ⑦ 油漆品种、刷漆遍数	

表 3-53 金属门清单项目设置

项目编码	项目名称	项目特征	工程内容
	金属平开门	① 门类型 ② 框材质、外围尺寸 ③ 扇材质、外围尺寸 ④ 玻璃品种、厚度，五金材料品种、规格 ⑤ 防护材料种类 ⑥ 油漆品种、刷漆遍数	① 门制作、运输、安装 ② 五金、玻璃安装 ③ 刷防护材料、油漆
	金属推拉门		
	金属地弹门		
010802001	塑钢门		
010802002	彩板门		
010802003	钢质防火门		
010802004	防盗门		

表 3‑54　金属卷帘门清单项目设置

项目编码	项目名称	项目特征	工程内容
010803001	金属卷闸门	① 门材质、框外围尺寸 ② 启动装置品种、规格、品牌 ③ 五金材料品种、规格 ④ 刷防护材料种类 ⑤ 油漆品种、刷漆遍数	① 门制作、运输、安装 ② 启动装置、五金安装 ③ 刷防护材料、油漆
	金属格栅门		
010803002	防火卷帘门		

（5）其他门清单项目设置见表 3‑55。

表 3‑55　其他门清单项目设置

项目编码	项目名称	项目特征	工程内容
010805001	电子感应门	① 门材质、品牌、外围尺寸 ② 玻璃品种、厚度,五金材料品种、规格 ③ 电子配件品种、规格、品牌 ④ 防护材料种类 ⑤ 油漆品种、刷漆遍数	① 门制作、运输、安装 ② 五金、电子配件安装 ③ 刷防护材料、油漆
010805002	转门		
010805003	电子对讲门		
010805004	电动伸缩门		
010805005	全玻门（带扇框）	① 门类型 ② 框材质、外围尺寸 ③ 扇材质、外围尺寸 ④ 玻璃品种、厚度,五金材料品种、规格 ⑤ 防护材料种类 ⑥ 油漆品种、刷漆遍数	① 门制作、运输、安装 ② 五金安装 ③ 刷防护材料、油漆
	全玻自由门（无扇框）		
	半玻门（带扇框）		
010805006	镜面不锈钢饰面门		

（6）门窗项目工程量计算规则

① 计量单位为"樘"或 m²。计算时可以按设计图示门的樘数计算,亦可按相应门的设计图示洞口尺寸以面积计算。为便于报价,宜按后者进行计算。

② 木连窗门项目可以将门、窗分别列项（以第五级编码区别）,在工程量计算以门框与窗扇之间的立樘边为界。

（7）木窗（编码 020405）、金属窗（编码 020406）清单项目设置木窗清单项目设置见表 3 - 56。

表 3 - 56　木窗清单项目设置

项目编码	项目名称	项目特征	工程内容
020405001	木质平开窗	① 窗类型 ② 框材质、外围尺寸 ③ 扇材质、外围尺寸 ④ 玻璃品种、厚度,五金材料品种、规格 ⑤ 防护材料种类 ⑥ 油漆品种、刷漆遍数	① 窗制作、运输、安装 ② 五金、玻璃安装 ③ 刷防护材料、油漆
020405002	木质推拉窗		
020405003	矩形木百叶窗		
020405004	异形木百叶窗		
020405005	木组合窗		
020405006	木天窗		
020405007	矩形木固定窗		
020405008	异形木固定窗		
020405009	装饰空花窗		

金属窗清单项目设置见表 3 - 57。

表 3 - 57　金属窗清单项目设置

项目编码	项目名称	项目特征	工程内容
	金属推拉窗	① 窗类型 ② 框材质、外围尺寸 ③ 扇材质、外围尺寸 ④ 玻璃品种、厚度,五金材料品种、规格 ⑤ 防护材料种类 ⑥ 油漆品种、刷漆遍数	① 窗制作、运输、安装 ② 五金、玻璃安装 ③ 刷防护材料、油漆
	金属平开窗		
	金属固定窗		
010807003	金属百叶窗		
	金属组合窗		
010807008	彩板窗		
010807001	塑钢窗		
	金属防盗窗		
010807005	金属格栅窗		
	特殊五金	① 五金名称、用途 ② 五金材料、品种、规格	① 五金安装 ② 刷防护材料、油漆

(8)木窗、金属窗清单项目工程量计算规则

① 计量单位为"樘"或 m²。即既可以以窗的樘数计算,也可以以相应窗的设计图示洞口尺寸计算。一般建议指导教师指导学生时要求以窗的洞口面积计算。

② 如遇框架结构的连续长窗也以"樘"或 m² 计算,但对连续长窗的扇数和洞口尺寸应在工程量清单中进行阐述。

③ "特殊五金"计量单位为"个",要根据窗所需的特殊五金个数计算。

(9) 门窗套、窗帘盒、窗帘轨、窗台板清单项目设置

门窗套清单项目设置见表 3-58。

表 3-58 门窗套清单项目设置

项目编码	项目名称	项目特征	工程内容
010808001	木门窗套	① 底层厚度、砂浆配合比 ② 立筋材料种类、规格 ③ 基层材料种类 ④ 面层材料品种、规格、品种、品牌、颜色 ⑤ 防护材料种类 ⑥ 油漆品种、刷油遍数	① 清理基层 ② 底层抹灰 ③ 立筋制作、安装 ④ 基层板安装 ⑤ 面层铺贴 ⑥ 刷防护材料、油漆
010808002	硬木筒子板		
010808003	饰面夹板筒子板		
010808004	金属门窗套		
010808005	石材门窗套		
010808006	门窗木贴脸		

窗帘盒、窗帘轨清单项目设置见表 3-59。

表 3-59 窗帘盒、窗帘轨清单项目设置

项目编码	项目名称	项目特征	工程内容
010810002	木窗帘盒	① 窗帘盒材质、规格、颜色 ② 窗帘轨材质、规格 ③ 防护材料种类 ④ 油漆种类、刷漆遍数	① 制作、运输、安装 ② 刷防护材料、油漆
010810003	饰面夹板塑料窗帘盒		
010810004	铝合金窗帘盒		
010810005	窗帘轨		

窗台板清单项目设置见表 3-60。

表 3-60　窗台板清单项目设置

项目编码	项目名称	项目特征	工程内容
010809001	木窗台板	① 找平层厚度、砂浆配合比 ② 窗台板材质、规格、颜色 ③ 防护材料种类 ④ 油漆种类、刷漆遍数	① 基层清理 ② 抹找平层 ③ 窗台板制作、安装 ④ 刷防护材料、油漆
010809002	铝塑窗台板		
010809003	金属窗台板		
010809004	石材窗台板		

（10）门窗套、窗帘盒、窗帘轨、窗台板清单项目工程量计算

① 门窗套、贴脸、筒子板项目：计量单位为 m^2。按照设计图示尺寸以展开面积（展开面积是指按其铺钉面积）计算。

② 窗帘盒、窗帘轨项目：计量单位为 m。按设计图示尺寸以长度计算，若为弧形应按其长度以中心线计算。

③ 窗台板项目：计量单位为 m。按设计图示尺寸以长度计算，其两侧伸出洞口两侧的长度也并入计算。

3. 计算步骤

① 步骤一：计算塑钢窗工程量。

$S_{C1} = 1.1 \times 0.9 \times 2 = 1.98 (m^2)$。

$S_{C2} = 1.1 \times 0.9 = 0.99 (m^2)$。

$S_{C3} = 1.6 \times 1.2 \times 4 = 7.68 (m^2)$。

$S_{总} = 10.65 (m^2)$。

② 步骤二：计算普通夹板门。

$S_{M1} = 1.45 \times 2.1 \times 3 = 9.135 (m^2)$。

$S_{M2} = 1 \times 2.1 \times 2 = 4.2 (m^2)$。

$S_{M3} = 1 \times 2.1 \times 3 = 6.3 (m^2)$。

$S_{总} = 19.635 (m^2)$。

③ 步骤三：编制分部分项工程量清单（表 3-61）。

表 3-61　步骤三

序号	项目编码	项目名称	项目特征	计量单位	工程数量
1	010807001001	塑钢窗	带上亮双扇推拉窗 2 000 mm × 1 500 mm，1 500 mm×1 500 mm，1 200 mm×1 500 mm，1 500 mm× 900 mm，乳白色塑钢型材，框扇断面 90 mm，5 mm 白片玻璃	m²	10.65
2	010801001001	木质门	双扇夹板装饰门 900 mm × 2 100 mm，框扇断面 60 mm，3 mm 白片玻璃	m²	19.64

五、油漆、涂料、裱糊工程计量

某工程电梯厅墙面如图 3-58 所示，门套为大理石水泥砂浆粘贴，现场加工石材边为指甲圆形磨边，对折处为 45°角磨边，墙面为抹灰面上乳胶漆两遍（混合腻子），大理石踢脚线，试完成清单编制。

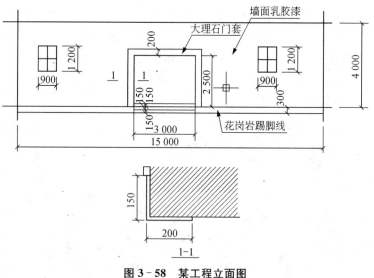

图 3-58　某工程立面图

1．资料准备

建筑施工图、结构施工图、油漆涂料裱糊做法规范及相关规程。

2．计算基础

(1) 建筑涂料

建筑内外墙面用涂料做装饰面是饰面做法中最简单的一种方式。墙面涂刷装修多以抹灰面为基层，也可以直接涂刷在砖、混凝土、木材等基层上。根据装饰要求，可以采取刷涂、滚涂、喷涂、弹涂等施工工艺以形成不同的质感和效果。

涂料主要包括适用于室内外的各种水溶型涂料、乳液型涂料、溶剂型涂料(包括油漆)以及清漆等涂料。涂料的品种种类繁多，应按其性质和用途加以认真选择及使用。选择时要注意配套使用，也就是说底漆和腻子、腻子与面漆、面漆与罩光漆彼此之间的附着力不致有影响。

(2) 裱糊工程

裱糊工程，是将各种装饰性壁纸、墙布等卷材用黏结剂裱糊在墙面上而做成的一种饰面。这种装饰饰面施工简单，美观耐用，具有良好的装饰效果。

壁纸类型：

① 普通类型即纸基壁纸，有良好的透气性，价格便宜，但不能清洗，易断裂，现今已很少使用这种饰面。

② 塑料 PVC(聚氯乙烯)壁纸。把聚氯乙烯塑料薄膜作为面层，将专用纸作为基层，在纸上涂布或热压复合成型。其强度高，易于擦洗，使用非常广泛。

③ 纤维织物壁纸。用玻璃纤维、丝、羊毛、棉麻等纤维织成的壁纸。这种壁纸强度好，质感柔和、高雅，能形成良好的环境气氛。但其价格较高。

④ 金属壁纸。是一种拥印花、压花、涂金属粉等工序加工而成的高档壁纸，有富丽堂皇之感，一般用于高级装修中(如大酒店等)。

（3）油漆、涂料、裱糊工程清单项目设置

门油漆清单项目设置见表3-62。

表3-62　门油漆清单项目设置

项目编码	项目名称	项目特征	工程内容
011401	门油漆	① 门类型 ② 腻子种类 ③ 刮腻子要求 ④ 防护材料种类 ⑤ 油漆品种、刷漆遍数	① 基层清理 ② 刮腻子 ③ 刷防护材料、油漆

窗油漆清单项目设置见表3-63。

表3-63　窗油漆清单项目设置

项目编码	项目名称	项目特征	工程内容
011402	窗油漆	① 腻子种类 ② 刮腻子要求 ③ 防护材料种类 ④ 油漆品种、刷漆遍数	① 基层清理 ② 刮腻子 ③ 刷防护材料、油漆

木扶手及其他板条线条油漆清单项目设置见表3-64。

表3-64　木扶手及其他板条线条油漆清单项目设置

项目编码	项目名称	项目特征	工程内容
011403001	木扶手油漆		
011403002	窗帘盒油漆		
011403003	封檐板、顺水板油漆	① 腻子种类 ② 刮腻子要求 ③ 油漆体单位展开面积 ④ 油漆部位长度 ⑤ 防护材料种类 ⑥ 油漆品种、刷漆遍数	① 基层清理 ② 刮腻子 ③ 刷防护材料、油漆
011403004	挂衣板、黑板框油漆		
011403005	挂镜线、窗帘棍、单独木线油漆		

木材面油漆清单项目设置见表3-65。

表 3 - 65 木材面油漆清单项目设置

项目编码	项目名称	项目特征	工程内容
011403001	木板、纤维板、胶合板油漆	① 腻子种类 ② 刮腻子要求 ③ 防护材料种类 ④ 油漆品种、刷漆遍数	① 基层清理 ② 刮腻子 ③ 刷防护材料、油漆
011403002	木护墙、木墙裙油漆		
011403003	窗台板、筒子板、盖板、门窗套、踢脚线油漆		
011403004	清水板条天棚、檐口油漆		
011403005	木方格吊顶天棚油漆		
011403006	吸音板墙面、天棚面油漆		
011403007	暖气罩油漆		
011403008	木间壁、木隔断油漆		
011403009	玻璃间壁露明墙筋油漆		
011403010	木栅栏、木栏杆(带扶手)油漆		
011403011	衣柜、壁柜油漆		
011403012	梁柱饰面油漆		
011403013	零星木装修油漆		
011403014	木地板油漆		
011403015	木地板烫硬蜡面	① 硬蜡品种 ② 面层处理要求	① 基层清理 ② 烫蜡

金属面油漆清单项目设置见表 3 - 66。

表 3 - 66 金属面油漆清单项目设置

项目编码	项目名称	项目特征	工程内容
011405001	金属面油漆	① 腻子种类 ② 刮腻子要求 ③ 防护材料种类 ④ 油漆品种、刷漆遍数	① 基层清理 ② 刮腻子 ③ 刷防护材料、油漆

抹灰面油漆清单项目设置见表 3 - 67。

表 3-67　抹灰面油漆清单项目设置

项目编码	项目名称	项目特征	工程内容
011406001	抹灰面油漆	① 基层类型 ② 线条宽度、道数 ③ 腻子种类	① 基层清理 ② 刮腻子 ③ 刷防护材料、油漆
011406002	抹灰线条油漆	④ 刮腻子要求 ⑤ 防护材料种类 ⑥ 油漆品种、刷漆遍数	

喷刷、涂料清单项目设置见表 3-68。

表 3-68　喷刷、涂料清单项目设置

项目编码	项目名称	项目特征	工程内容
011407	刷喷涂料	① 基层类型 ② 腻子种类 ③ 刮腻子要求 ④ 涂料品种、刷喷遍数	① 基层清理 ② 刮腻子 ③ 刷、喷涂料

花饰、线条刷涂料清单项目设置见表 3-69。

表 3-69　花饰、线条刷涂料清单项目设置

项目编码	项目名称	项目特征	工程内容
011407003	空花格、栏杆刷涂料	① 腻子种类 ② 线条宽度	① 基层清理 ② 刮腻子 ③ 刷、喷涂料
011407004	线条刷涂料	③ 刮腻子要求 ④ 涂料品种、刷喷遍数	

裱糊清单项目设置见表 3-70。

表 3-70　裱糊清单项目设置

项目编码	项目名称	项目特征	工程内容
011408001	墙纸裱糊	① 基层类型 ② 裱糊构件部位 ③ 腻子种类 ④ 刮腻子要求	① 基层清理 ② 刮腻子 ③ 面层铺贴 ④ 刷防护材料
011408002	织锦缎裱糊	⑤ 黏结材料种类 ⑥ 防护材料种类 ⑦ 面层材料品种、规格、品牌、颜色	

（4）油漆、涂料、裱糊工程清单项目工程量计算规则

① 以"樘"或 m² 为计量单位的清单项目有门油漆和窗油漆。

② 以 m 为计量单位的清单项目有木扶手及其他板条线条油漆、抹灰线条油漆及线条喷刷涂料。

③ 以 m² 为计量单位的清单项目有木材面油漆、抹灰面油漆、喷刷涂料、空花格/栏杆刷涂料、墙纸裱糊及织锦缎裱糊。

④ 以 t 为计量单位的清单项目有金属面油漆。

⑤ 楼梯木扶手工程量按中心线斜长计算，弯头长度应并入扶手长度内计算。

⑥ 搏风板工程量按中心线斜长计算，有大刀头的每个大刀头增加长度为 50 cm（搏风板是悬山或歇山屋顶山墙处沿屋顶斜坡钉在桁头的板，大刀头是搏风板头的一种，其形似大刀）。

⑦ 单面油漆按单面面积计算，双面油漆按双面面积计算的清单项目有木板、纤维板、胶合板油漆。

⑧ 以垂直投影面积计算的清单项目有木护墙、木墙裙油漆。

⑨ 以水平或垂直投影面积计算的清单项目有台板、筒子板、盖板、门窗套、踢脚线油漆（其中门窗套的贴脸板和筒子板垂直投影面积合并）。

⑩ 以水平投影面积计算的清单项目有清水板条天棚、檐口油漆、木方格吊顶天棚油漆（不扣除空洞面积）。

3. 计算步骤

① 步骤一：计算花岗岩踢脚。

$S = (15-3) \times 0.3 = 3.6(m^2)$。

② 步骤二：计算墙面乳胶漆。

$S = 15 \times 4 - 0.9 \times 1.2 \times 2 - (2.5+0.2) \times (3+0.2 \times 2) = 48.66(m^2)$。

③ 步骤三：计算大理石门套。

$S = (2.5+0.2+3+0.2 \times 2+2.5+0.2) \times 0.15 + (2.5+3+0.2 \times 2+2.5) \times 0.2 = 3(m^2)$。

④ 步骤四：编制分部分项工程量清单（表 3-71）。

表 3-71　步骤四

序号	项目编码	项目名称	项目特征	计量单位	工程数量
1	011105002001	石材踢脚线	① 踢脚线高 300 mm ② 花岗岩踢脚板	m²	3.6
2	010808005001	石材门窗套	① 水泥砂浆粘贴 ② 大理石板材 ③ 侧边指甲圆磨边 ④ 阳角 45°磨边	m²	3
3	011406001001	抹灰面油漆	① 混合腻子 ② 乳胶漆两遍	m²	48.66

第七节　其他零星工程计量

一、楼梯工程计量

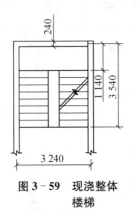

图 3-59　现浇整体楼梯

现浇整体式钢筋混凝土楼梯平面如图 3-59 所示,计算一层楼梯混凝土工程量。

1. 资料准备

结构施工图、《混凝土结构设计规范》、楼梯施工工艺。

2. 计算基础

(1) 楼梯概述

建筑物中作为楼层间交通用的构件。楼梯一般由楼梯段、楼梯平台、栏杆(栏板)和扶手三部分组成。每个梯段的踏步一般不应超过 18 级,亦不应少于 3 级。

(2) 楼梯的组成

楼梯段:楼梯的主要使用和承重部分,它由若干个连续的踏步组成。

楼梯平台:楼梯段两端的水平段,主要用来解决楼梯段的转向问题,并使人们在上下楼层时能够缓冲休息。

楼梯井:相邻楼梯段和平台所围成的上下连通的空间。

栏杆(栏板)和扶手:设置在楼梯段和平台临空侧的围护构件,应有一定的强度和安全度,并应在上部设置供人们手扶持用的扶手。

(3)楼梯的类型

① 按材料分主要有木楼梯、钢筋混凝土楼梯和钢楼梯等。

② 按楼梯设置的位置分为室内楼梯和室外楼梯。

③ 按使用性质分为主要楼梯、辅助楼梯、防火楼梯等。

④ 按楼梯的形式分为单跑楼梯、双跑折角楼梯、双跑平行楼梯、双跑直楼梯、三跑楼梯、四跑楼梯、双分式楼梯、双合式楼梯、八角形楼梯、圆形楼梯、螺旋形楼梯、弧形楼梯、剪刀式楼梯、交叉式楼梯等。

⑤ 按楼梯间的平面形式分为封闭式楼梯、非封闭式楼梯、防烟楼梯等。

(4)楼梯项目列项(表 3 - 72)

表 3 - 72　楼梯项目

项目编码	项目名称	项目特征	计量单位	工程量计算规则	工程内容	定额指引
010506001	直形楼梯	① 混凝土强度等级 ② 混凝土拌和料要求	m²	按设计图示尺寸以水平投影面积计算。不扣除宽度小于 500 mm 的楼梯井,伸入墙内部分不计算	混凝土制作、运输、浇筑、振捣、养护	5 - 37 5 - 42 5 - 203 5 - 208 5 - 319 5 - 324
010506002	弧形楼梯					5 - 38 5 - 42 5 - 204 5 - 208 5 - 320 5 - 324

(5) 楼梯工程量计算规则

按设计图示尺寸以水平投影面积计算。不扣除宽度小于 500 mm 的楼梯井,伸入墙内部分不计算。整体楼梯水平投影面积包括休息平台、平台梁、斜梁和楼梯的连接梁。当无连接梁时,以楼梯的最后一个踏步边缘加 300 mm 计算。

3. 计算步骤

① 步骤一:计算楼梯工程量。

楼梯间宽:$3\,240 - 240 = 3\,000$(mm)。

楼梯间长:$3\,720 + 300 - 120 = 3\,900$(mm)。

楼梯井面积:$500 \times 2\,400 = 1.2 \times 10^6(mm^2)= 1.2$(m^2),$3.0 \times 3.9 - 1.2 = 10.5$(m^2)。

② 步骤二:编制清单工程量表格(表 3 - 73)。

表 3 - 73　清单工程量

序号	项目编码	项目名称	工程量计算式	计量单位	工程量
1	010506001	直形楼梯	楼梯间宽:$3\,240 - 240 = 3\,000$ (mm) 楼梯间长:$3\,720 + 300 - 120 = 3\,900$(mm) 楼梯井面积:$500 \times 2\,400 = 1.2 \times 10^6(mm^2)= 1.2$(m^2) $3.0 \times 3.9 - 1.2 = 10.5$(m^2)	m^2	10.5

二、阳台、雨篷工程计量

如图 3 - 60 所示,求有梁式现浇混凝土雨篷的工程量。

1. 资料准备

结构施工图、《混凝土结构设计规范》、雨篷及阳台施工工艺。

2. 计算基础

(1) 阳台概述

阳台是多层建筑中与房间相连的室外平台,它提供了一个室外活动的小空间,人们可以在阳台上休息、眺望、从事家务等活动。

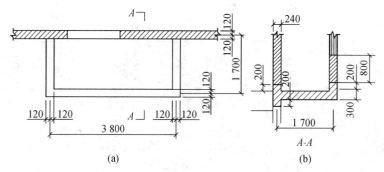

图 3‑60 现浇混凝土雨篷平面及剖面图

阳台按与外墙的相对位置,可分为凸阳台(也叫挑阳台)、凹阳台、半凸阳台及转角阳台。

(2)雨篷概述

雨篷指建筑物入口处位于外门上部用以遮挡雨水、保护外门免受雨水侵害的水平构件。

建筑入口处的雨篷还具有标识引导作用,同时也代表着建筑物本身的规模、空间文化的理性精神。因此,主入口雨篷设计和施工尤为重要。

当代建筑的雨篷形式多样,以材料和结构分为钢筋混凝土雨篷、钢结构悬挑雨篷、玻璃采光雨篷、软面折叠多用雨篷等。

① 钢筋混凝土雨篷。传统的钢筋混凝土雨篷,当挑出长度较大时,雨篷由梁、板、柱组成,其构造与楼板相同;当挑出长度较小时,雨篷与凸阳台一样做成悬臂构件,一般由雨篷梁和雨篷板组成。

② 钢结构悬挑雨篷。钢结构悬挑雨篷由支撑系统、骨架系统和板面系统三部分组成。

③ 玻璃采光雨篷。玻璃采光雨篷是用阳光板、钢化玻璃做雨篷面板的新型透光雨篷。

其特点是结构轻巧,造型美观,透明新颖,富有现代感,也是现代建筑中广泛采用的一种雨篷。

（3）雨篷、阳台项目列项（表 3－74）

表 3－74　雨篷、阳台项目

项目编码	项目名称	项目特征	计量单位	工程量计算规则	工程内容
010505008	雨篷、阳台板	① 名称 ② 板厚 ③ 混凝土强度等级	m³	按设计图示尺寸以墙外部分体积计算。包括伸出墙外的牛腿和雨篷反挑檐的体积	

3. 计算步骤

① 步骤一:计算雨篷的体积。

$(1.42+0.08) \times 2.16 \times 0.08 = 0.2592 (m^3)$。

$(0.2+0.3) \times 0.24 \times (2.16+0.5) = 0.3192 (m^3)$。

$0.45 \times 0.08 \times 2.16 = 0.0778 (m^3)$。

$1.42 \times 0.08 \times 0.45 \times 2 = 0.1022 (m^3)$。

$0.25 \times 0.3 \times 1.42 \times 2 = 0.213 (m^3)$。

$0.2592 + 0.3192 + 0.0778 + 0.1022 + 0.213 = 0.9714 (m^3)$。

② 步骤二:计算投影面积。

$(1.42+0.08) \times 2.16 = 3.24 (m^2)$。

第四章

建筑工程计价

第一节　土方基础工程计价

一、条形基础计价

某建筑物基础的平面图、剖面图如图 4-1 所示。混凝土基础采用 C20 泵送混凝土浇筑,标准砖基础为 M10 水泥砂浆砌筑,1:2 防水砂浆防潮层。请完成该工程基础分项的清单综合单价的确定。

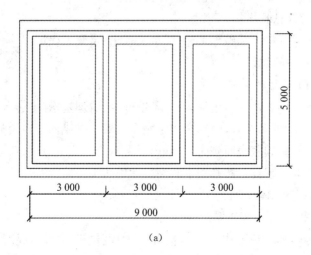

（a）

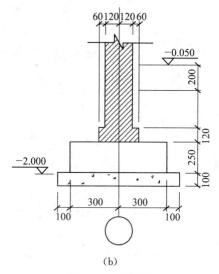

图 4-1 基础图

(a) 平面图；(b) 剖面图

1. 资料准备

××省 2004 计价表、计量计价规范等。

2. 信息收集

背景资料涉及施工工艺、清单工程量、定额工程量。

3. 基础知识

(1) 条形砖基础

砖基础工作内容包括运料、条铺砂浆、清理基槽、砌砖等，分直形、圆(弧)形砖基础，分别套用定额 31，32。基础深度自设计室外地面至砖基础底表面超过 1.5 m，其超过部分每立方米砌体增加人工 0.041 工日。砖基础中防潮层常用防水砂浆、防水混凝土，分别套用定额 342，343。

(2) 条形混凝土基础

混凝土基础工作内容包括混凝土搅拌、购入商品混凝土、泵送、非泵送、铺设、捣固、养护等。根据使用材料及构造情况，可分为毛石混凝土基础、有梁式混凝土基础、无梁式混凝土基础。混凝土基础在计价表中分为自拌混凝土现浇构件、商品混凝土泵送现浇构件、商品混凝土非泵送现浇构件三种情况分别套用定额。毛石混凝土中的毛石掺量是按 15％ 计算的,如设计要求不同,可按比例换算毛石、混凝土数量,其余不变。

（3）条形毛石基础

毛石基础工作内容包括调、运、铺砂浆,选、修、运石,套用定额 349。

4. 计算步骤

① 步骤一:确定计算项目(表 4-1)。

表 4-1　步骤一

序号	项目编码	项目名称	计量单位	清单工程量	定额编号	定额名称	计量单位	定额工程量
1	010401001001	砖基础	m³	16.35	3-1	直形砖基础	m³	13.51
					3-1	直形砖基础(深度超过1.5 m部分)	m³	2.84
					3-42	防水砂浆防潮层	10 m²	0.90
2	010501002001	条形基础	m³	5.52	5-171	无梁条形基础	m³	5.52

② 步骤二:定额计价表(表 4-2)。

表 4-2　步骤二

定额编号	子目名称	单位	数量	综合单价组成(元)					综合单价	合价
				人工费	材料费	机械费	管理费	利润		
3-1换	直形砖基础	m³	13.51	29.64	144.25	2.47	8.03	3.85	188.24	2 543.12
3-1换	直形砖基础(深度超过1.5 m部分)	m³	2.84	30.71	144.25	2.47	8.30	3.98	189.71	538.78
3-42	防水砂浆防潮层	10 m²	0.90	17.68	53.50	2.16	4.96	2.38	80.68	72.61

（续表）

定额编号	子目名称	单位	数量	综合单价组成（元）					综合单价	合价
				人工费	材料费	机械费	管理费	利润		
5-171	无梁条形基础（C20泵送商品混凝土）	m³	5.52	7.80	279.34	9.29	4.27	2.05	302.75	1 671.18

③ 步骤三:清单综合单价计算。

每立方米砖基础清单综合单价 ＝（2 543.12 ＋ 538.78 ＋ 72.61)/16.35 ＝ 192.91(元)。

每立方米条基清单综合单价 ＝ 302.75 元。

④ 步骤四:分部分项工程量清单与计价表(表 4－3)。

表 4－3　步骤四

序号	项目编码	项目名称	项目特征描述	计量单位	工程量	金额（元）		
						综合单价	合价	其中:暂估价
1	010401001001	砖基础	① 砖品种、规格、强度 等级:MU10 标准砖 ② 基础类型:条形基础 ③ 基础深度:1.75 m ④ 砂浆强度等级:M10 水泥砂浆。防潮层:1:2 防水砂浆	m³	16.35	192.91	3 154.08	
2	010501002001	条形基础	① 混凝土强度等级:C20 ② 混凝土拌合料要求:泵送商品混凝土	m³	5.52	302.75	1 671.18	

二、现浇混凝土桩承台、独立基础、设备基础计价

某学校办公楼为六层现浇框架结构。其中独立基础 J1 有 20

个,J2 有 16 个,J3 有 8 个;J1,J2 基地标高 2.40 m,J3 基地标高 1.60 m,基础如图 4-2 所示的基础图,相当数据见表 4-4。基础采用 C25 泵送商品混凝土浇筑。根据资料确定本工程中独立基础清单综合价。

表 4-4　数据表　　　　　　　　（mm）

编号	A	B	a	b	H
J1	3 100	3 100	600	600	300
J2	3 600	3 800	600	600	450
J3	2 800	2 800	500	500	250

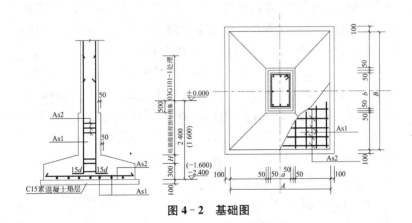

图 4-2　基础图

1. 资料准备

××省 2004 计价表、计量计价规范等。

2. 信息收集

背景资料涉及施工工艺、清单工程量、定额工程量。

3. 计算基础

混凝土基础工作内容包括混凝土搅拌、购入商品混凝土、泵送、非泵送、铺设、捣固、养护等。

现浇桩承台根据截面形式分为矩形、三角形、条形等,计价表分为自拌混凝土现浇构件、商品混凝土泵送现浇构件、商品混凝土非泵送现浇构件三种情况分别套用定额 57，5 176，5 290。

独立基础根据材料可分为独立砖柱基础、独立混凝土基础、独立毛石基础。独立砖柱基础与砖柱合并，按砖柱计算。独立混凝土基础定额分项有桩承台、独立柱基、杯形基础。根据自拌混凝土现浇构件、商品混凝土泵送现浇构件、商品混凝土非泵送现浇构件三种类别桩承台、独立柱基分别套用定额 57，5 176，5 290，高颈杯形基础分别套用定额 54，5 173，5 287。杯形基础套用独立柱基项目，杯口外壁高度大于杯口外长边的杯形基础，套"高颈杯形基础"项目。独立毛石基础套毛石基础定额 349。

设备基础(此设备基础指块体设备基础，其他类型设备基础分别按基础、梁、柱、板、墙等有关规定执行)按材料可分为毛石基础、混凝土基础。毛石设备基础根据自拌混凝土现浇构件、商品混凝土泵送现浇构件、商品混凝土非泵送现浇构件和体积 20 m³ 以内(20 m³ 以外)分别套用定额 59(510)，5 177(5 178)，5 291(5 292)。混凝土基础根据自拌混凝土现浇构件、商品混凝土泵送现浇构件、商品混凝土非泵送现浇构件和体积 20 m³ 以内(20 m³ 以外)分别套用定额 511(512)，5 179(5 180)，5 293(5 294)。地面、楼面上框架式设备基础按相应的柱梁板子目套用定额。

基础二次灌浆套用定额 5-8。

4. 计算步骤

① 步骤一：工程量确定(表 4-5)。

表 4-5 步骤一

序号	项目编码	项目名称	计量单位	清单工程量	定额编号	定额名称	计量单位	定额工程量
1	010501003001	独立基础	m³	215.94	5-176	独立柱基(C25泵送混凝土)	m³	215.94
					2-121	混凝土垫层	m³	53.32

② 步骤二：定额计价(表 4-6)。

表 4-6 步骤二

| 定额编号 | 子目名称 | 单位 | 数量 | 综合单价组成（元） | | | | | 综合单价 | 合价 |
				人工费	材料费	机械费	管理费	利润		
5-176换	独立柱基（C25泵送混凝土）	m³	215.94	7.80	289.13	9.29	4.27	2.05	321.54	69 433.35
2-121	混凝土垫层(C10)	m³	53.30	12.48	256.50	9.52	5.50	2.64	286.64	15 277.91

③ 步骤三：清单综合单价计算。

每立方米独立基础清单综合单价＝(69 433.35＋15 277.91)/215.94＝392.29(元)。

④ 步骤四：分部分项工程量清单与计价表(表4-7)。

表 4-7 步骤四

序号	项目编码	项目名称	项目特征描述	计量单位	工程量	综合单价	合价	其中：暂估价
						金额（元）		
1	010501003001	独立基础	① 混凝土强度等级：C25 ② 混凝土拌合料要求：泵送商品混凝土 ③ C10混凝土垫层	m³	215.94	392.29	84 711.10	

三、桩与地基基础计价

某工程有30根钢筋混凝土柱,根据上部荷载计算,每根柱下有4根350 mm×350 mm方桩,桩长30 m(用2根长15 m方桩用焊接方法接桩),其上设4 000 mm×6 000 mm×700 mm的承台,桩顶距自然地坪5 m,桩强度等级为C30,由现场预制,土质为一级,采用轨道式柴油打桩机打桩。根据背景资料确定本工程中独立基础清单综合价。

1. 资料准备

××省 2004 计价表、计量计价规范等。

2. 信息收集

背景资料涉及施工工艺、清单工程量、定额工程量。

3. 基础知识

试桩按相应桩项目编码单独列项,试桩与打桩之间间歇时间,机械在现场的停滞时间,预制混凝土桩工程发生的桩制作、运输、打桩、送桩等施工项目计算在"预制钢筋混凝土桩"项目中。如果桩刷防护材料也应包括在报价内。

钻孔灌注泥浆的搅拌运输,泥浆池、泥浆沟槽的砌筑、拆除,应包括在报价内。

各种桩的混凝土充盈量,应包括在报价内。

各种桩中的材料用量预算暂按表 4-8 内的充盈系数和操作损耗计算,结算时充盈系数按打桩记录灌入量进行调整,操作损耗不变。

表 4-8　充盈系数和操作损耗计算表

项目名称	充盈系数	操作损耗率(%)
打孔沉管灌注混凝土桩	1.20	1.50
打孔沉管灌注砂(碎石)桩	1.20	2.00
打孔沉管灌注砂石桩	1.20	2.00
钻孔灌注桩(土孔)	1.20	1.50
钻孔灌注桩(岩石孔)	1.10	1.50
打孔沉管夯扩灌注混凝土桩	1.15	2.00

每个单位工程的打(灌注)桩工程量小于表 4-9 规定数量时,其人工、机械(包括送桩)按相应定额项目乘以系数 1.25。

表 4-9　定额计价的方法和步骤

项目	工程量(m³)
预制钢筋混凝土方桩	150
预制钢筋混凝土离心管桩	50

（续表）

项目	工程量（m³）
打孔灌注混凝土桩	60
打孔灌注混凝土砂桩、碎石桩、砂石桩	100
钻孔灌注混凝土桩	60

沉管灌注桩若使用预制钢筋混凝土桩尖时，应包括在报价内。

接桩工程发生的接桩、材料运输等施工项目计算在"接桩"项目报价内，电焊接桩钢材用量，设计与定额不同时，按设计用量乘以系数 1.05 调整，人工、材料、机械消耗量不变。

电焊接桩钢材用量，设计与定额不同时，按设计用量乘以系数 1.05 调整，人工、材料、机械消耗量不变。

定额以打直桩为准，如打斜桩，斜度在 1：6 以内者，按相应定额项目人工、机械乘以系数 1.25，如斜度大于 1：6 者，按相应定额项目人工、机械乘以系数 1.43。

定额打桩（包括方桩、管桩）已包括 300 m 内的场内运输，实际超过 300 m，另按构件运输相应项目执行，并扣除定额内的场内运输费。

4. 计算步骤

① 步骤一：工程量确定（表 4 - 10）。

表 4 - 10　步骤一

序号	项目编码	项目名称	计量单位	清单工程量	定额编号	定额名称	计量单位	定额工程量
1	040301002001	预制钢筋混凝土桩	根	120	2 - 3	打预制方桩（桩长 30 m 以内）	m³	441
					2 - 7	预制方桩送桩（桩长 30 m 以内）	m³	80.85
					3 - 25	电焊接桩（方桩包角钢）	个	120
					5 - 334	桩制作（C30 非泵送商品混凝土）	m³	441

② 步骤二:定额计价(表4-11)。

表4-11 步骤二

| 定额编号 | 子目名称 | 单位 | 数量 | 综合单价组成(元) | | | | | 综合单价 | 合价 |
				人工费	材料费	机械费	管理费	利润		
5-334	C30现场预制方桩(非泵送商品混凝土)	m³	441	19.76	293.28	8.621	4.26	1.99	327.9	144 603.9
2-3	打预制钢筋混凝土方桩,长30m内	m³	441	7.2	22.25	95.87	15.72	7.34	150.1	66 194.1
2-7	打预制钢筋混凝土方桩,送桩长30m内	个	80.85	10.32	20.08	93.84	15.62	7.29	147.15	11 897.08
2-25	电焊接桩方桩包角钢	m³	120	25.22	148.93	159.38	27.69	12.92	374.14	44 896.8

③ 步骤三:清单综合单价计算。

每根预制钢筋混凝土桩清单综合单价

$= (144\,603.9 + 66\,194.1 + 11\,897.08 + 44\,896.8)/120$

$= 267\,591.88/120 = 2\,229.93$(元/根)。

④ 步骤四:分部分项工程量清单与计价表(表4-12)。

表4-12 步骤四

| 序号 | 项目编码 | 项目名称 | 项目特征描述 | 计量单位 | 工程量 | 金额(元) | | |
						综合单位	合价	其中:暂估价
1	040301002001	预制钢筋混凝土桩	① 单桩长度:30m ② 桩截面边长:0.35m ③ 混凝土强度等级:C35	根	120	2 229.93	267 591.88	

四、土方工程计价

某建筑物场地土质为二类土,基础的平面图、剖面图如图4-3所示。室外地坪标高-0.45 m,采用人工挖土,人力车运土,场内运输150 m。根据背景资料确定本工程中独立基础清单综合价。

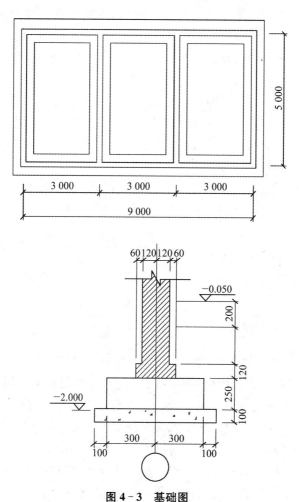

图 4-3 基础图

1. 资料准备

××省 2004 计价表、计量计价规范等。

2. 信息收集

背景资料涉及施工工艺、清单工程量、定额工程量。

3. 基础知识

计价表中土石方工程中未包括地下水以下的施工排水费用，如需排水，应根据施工组织设计规定，在措施项目中计算排水费用。

人工挖地槽、地坑，土方区分干、湿土，根据土壤类别套用相应定额。

运余松土或堆积期在一年以内的堆积土，除按运土方定额执行外，另增加挖一类土的定额项目（工程量按实计算，若为虚方按工程量计算规则的折算方法折算成实方）。取自然土回填时，按土壤类别执行挖土定额。

机械挖土方定额是按三类土计算的，如实际土壤类别不同时，定额中机械台班量按表 4-13 的系数调整。

表 4-13　机械挖土方机械台班系数调整表

项目	三类土	一、二类土	四类土
推土机推土方	1.00	0.84	1.18
铲运机铲运土方	1.00	0.84	1.26
自卸式铲运机铲运土方	1.00	0.86	1.09
挖掘机挖土方	1.00	0.84	1.14

机械挖土方工程量，按机械实际完成工程量计算。机械挖不到的地方，人工修边坡，整平的土方工程量套用人工挖土方相应定额项目，其中人工乘以系数 2（人工挖土方的量不得超过挖土方总量的 10%）。

定额中自卸汽车运土，对道路的类别及自卸汽车吨位已分别进行综合计算，但未考虑自卸汽车运输中对道路路面清扫的因素。在施工中，应根据实际情况适当增加清扫路面人工。

自卸汽车运土,按正铲挖掘机挖土考虑,如系反铲挖掘机装车,则自卸汽车运土台班量乘以系数 1.10;拉铲挖掘机装车,自卸汽车运土台班量乘以系数 1.20。

4. 计算步骤

① 步骤一:工程量确定(表 4 - 14)。

表 4 - 14　步骤一

序号	项目编码	项目名称	计量单位	清单工程量	定额编号	定额名称	计量单位	定额工程量
1	010101001001	平整场地	m²	45	1 - 98	人工平整场地	10 m²	11.90
2	010101003001	挖基础土方	m³	48.05	1 - 20	人工挖地槽(二类干土深度 3 m 内)	m³	129.23
					1 - 92 1 - 95	单双轮车运土	m³	129.23
3	010103001001	土方回填	m³	27.32	1 - 104	基坑(槽)回填土(夯填)	m³	108.50
					1 - 1	挖回填土(堆积期在一年以内,为一类土)	m³	108.50
					1 - 92 1 - 95	单双轮车运土	m³	108.50
4	010103001002	土方回填	m³	15.77	1 - 102	地面回填土(夯填)	m³	15.77
					1 - 1	挖回填土(堆积期在一年以内,为一类土)	m³	15.77
					1 - 92 1 - 95	单双轮车运土	m³	15.77

② 步骤二:定额计价(表 4 - 15)。

表 4-15 步骤二

定额编号	子目名称	单位	数量	综合单价组成(元)					综合单价	合价
				人工费	材料费	机械费	管理费	利润		
1-98	人工平整场地	10 m²	11.90	13.68			3.42	1.64	18.74	223.01
1-20	人工挖地槽(二类干土深度 3 m内)	m³	129.23	7.68			1.92	0.92	10.52	1 359.50
1-92+(1-95)×2	单双轮车运土	m³	129.23	6.28			1.58	0.75	8.61	1 112.67
1-104	基坑(槽)回填土(夯填)	m³	108.50	6.72		1.09	1.95	0.94	10.70	1 160.95
1-1	挖回填土(堆积期在一年以内,为一类土)	m³	108.50	2.88			0.72	0.35	3.95	428.58
1-92+(1-95)×2	单双轮车运土	m³	108.50	6.28			1.58	0.75	8.61	934.19
1-102	地面回填土(夯填)	m³	15.77	6.24		0.65	1.72	0.83	9.44	148.87
1-1	挖回填土(堆积期在一年以内,为一类土)	m³	15.77	2.88			0.72	0.35	3.95	62.29
1-92+(1-95)×2	单双轮车运土	m³	15.77	6.28			1.58	0.75	8.61	135.78

③ 步骤三:清单综合单价计算。

人工平整场地清单综合单价 = 223.01/45 = 4.96(元 /m²)。

挖基础土方清单综合单价 = (1 359.50+1 112.67)/48.05 = 51.45(元 /m³)。

土方回填(基坑回填)清单综合单价 = (1 160.95+428.58+

$934.19)/27.32 = 92.38(元/m^3)$。

土方回填(室内回填)清单综合单价 $= (148.87 + 62.29 +$
$135.78)/15.77 = 22.00(元/m^3)$。

④ 步骤四:分部分项工程量清单与计价表(表 4 - 16)。

表 4 - 16　步骤四

序号	项目编码	项目名称	项目特征描述	计量单位	工程量	金额(元)		
						综合单位	合价	其中:暂估价
1	010101001001	平整场地	土壤类别:三类干土	m²	45	4.96	223.01	
2	010101003001	挖基础土方	① 土壤类别:三类干土 ② 基础类型:条形基础 ③ 垫层底宽:0.80 m ④ 挖土深度:1.65 m	m³	48.05	51.45	2 472.17	
3	010103001001	土方回填	分层夯填	m³	27.32	92.38	2 523.82	
4	010103001002	土方回填	分层夯填	m³	15.77	22.00	346.94	

第二节　框架主体结构计价

一、现浇钢筋混凝土柱计价

某厂房有现浇带牛腿的 C25 钢筋混凝土柱(参见图 3 - 4)20
根。其下柱长 $l_1 = 6.5$ m,断面尺寸为 600 mm×500 mm;上柱长
$l_2 = 2.5$ m,断面尺寸为 400 mm×500 mm。牛腿参数:$h = 500$ mm,
$c = 200$ mm,$a = 45°$。计算该混凝土柱的清单和定额工程量,分析
其综合单价。

1. 资料准备

柱工程施工图、《混凝土结构设计规范》、清单、计价表等。

2. 信息收集

① 混凝土柱构造(相关课程:建筑工程识图、建筑构造)。

② 混凝土柱工程施工工艺(相关课程:建筑施工技术)。

3. 基础知识

① 工程清单项目有关说明:矩形柱是指横截面积为矩形的柱子,异形柱是指其横截面为异形的柱子。两者适用于各型柱,除无梁板柱的高度计算至柱帽下表面,其他柱都计算全高。应注意:

a. 单独的薄壁柱根据其截面形状,确定以异形柱或矩形柱编码列项。

b. 柱帽的工程量计算在无梁板体积内。

c. 混凝土柱上的钢牛腿按钢构件工程量清单项目设置中零星钢构件编码列项。

② 现浇柱、墙子目中,均已按规范规定综合考虑了底部铺垫1:2水泥砂浆的用量。

③ 室内净高超过8 m的现浇柱、梁、墙、板(各种板)的人工工日分别乘以下系数:净高在12 m以内1.18;净高在18 m以内1.25。

4. 计算步骤

混凝土强度等级与计价表不同,数量不变,调单价(表4-17)。

换算过程为513换:295.48 - (271.49 - 250.13) = 274.12(元/m³)。

表4-17 综合单价分析表

工程名称:某厂房土建工程

序号	项目编码	定额编号	项目名称	单位	数量	综合单价组成(元)					综合单价
						人工费	材料费	机械费	管理费	利润	
1	010502001001		矩形柱	m³	1.00	58.5	185.31	6.32	16.21	7.78	274.12
		5-15换	矩形牛腿柱(C25自拌混凝土)	m³	1.00	58.5	185.31	6.32	16.21	7.78	

二、现浇钢筋混凝土梁计价

某工程有现浇混凝土花篮梁 10 根,梁两端有现浇梁垫,混凝土强度等级为 C25 商品混凝土(泵送),尺寸如图 3 - 10 所示。计算该混凝土花篮梁的综合单价。

1. 资料准备

梁工程施工图、《混凝土结构设计规范》、清单、计价表等。

2. 信息收集

① 混凝土梁构造(相关课程:建筑工程识图、建筑构造)。

② 混凝土梁工程施工工艺(相关课程:建筑施工技术)。

3. 基础知识

① 工程清单项目有关说明:矩形梁是指矩形截面形式的梁;异形梁是指断面形状为异形的梁;圈梁指为提高房屋的整体刚性在内外墙上设置的连续封闭的钢筋混凝土梁;过梁指跨越一定空间以承受屋盖或楼板、墙传来的荷载的钢筋混凝土构件。

② 弧形梁按相应的直形梁子目执行。

③ 大于 10°的斜梁按相应子目人工乘以系数 1.10,其余不变。

④ 锚固带执行圈梁子目。

4. 计算步骤

混凝土强度等级与计价表不同,数量不变,调单价(表 4 - 18)。

换算过程为 5186 换:348.66 − (296 − 280) × 1.02 = 332.34 (元 /m³)。

表 4 - 18　综合单价分析表

工程名称:某工程土建项目

序号	项目编码	定额编号	子目名称	单位	数量	综合单价组成(元)					综合单价
						人工费	材料费	机械费	管理费	利润	
1	010503003001		异形梁	m³	1.00	15.08	291.59	14.66	7.44	3.57	332.34
		5-186 换	异形梁(C25 泵送混凝土)	m³	1.00	15.08	291.59	14.66	7.44	3.57	

三、现浇钢筋混凝土板计价

某工程有 C30 自拌现浇钢筋混凝土有梁板 10 块(图 3 - 17),墙厚为 240 mm。分析其综合单价。

1. 资料准备

板工程施工图、《混凝土结构设计规范》、清单、计价表等。

2. 信息收集

① 混凝土板构造(相关课程:建筑工程识图、建筑构造)。

② 混凝土板工程施工工艺(相关课程:建筑施工技术)。

3. 基础知识

① 工程清单项目有关说明:有梁板又称肋形楼板,是由一个方向或两个方向的梁连成一体的板构成的。井式楼板也是由梁板组成的,没有主次梁之分,梁的断面一致,因此是双向布置梁,形成井格。井格与墙垂直的称为正井式,井格与墙倾斜成 45°布置的称为斜井式。无梁板是将楼板直接支承在墙、柱上。为增加柱的支承面积和减小板的跨度,在柱顶上加柱帽和托板,柱子一般按正方格布置。既无柱支承又非现浇梁板结构,周边直接由墙来支承的现浇钢筋混凝土板叫平板。

② 有梁板、平板为斜板,其坡度大于 10°时,人工乘以系数 1.03,大于 45°另行处理。

③ 阶梯教室、体育看台底板为斜坡时按有梁板子目执行,底板为锯齿形时按有梁板人工乘以系数 1.10 执行。

4. 计算结果(表 4 - 19)

表 4 - 19 综合单价分析表

工程名称:某工程土建项目

序号	项目编码	定额编号	子目名称	单位	数量	综合单价组成(元)					综合单价
						人工费	材料费	机械费	管理费	利润	
1	010505001001		有梁板	m³	1.00	29.12	212.02	6.35	8.87	4.26	260.62
		5 - 32	有梁板(C30 自拌混凝土)	m³	1.00	29.12	212.02	6.35	8.87	4.26	

第三节 混合结构计价

一、砖砌墙体计价

某单层建筑物檐口高度 4.0 m,经计算需要砌筑多孔砖(规格为 240 mm×115 mm×90 mm)外墙 68 m³,其中有 8 m³ 为圆弧墙;空心砖(规格为 240 mm×240 mm×115 mm)内墙共 46 m³。所有墙体均为一砖厚,砂浆全部采用 M5 混合砂浆。试计算砌筑工程的综合单价合计,并用清单计价法计算综合单价。

1. 资料准备

《砌体结构设计规范》、清单、计价表等。

2. 信息收集

(1)查看工程图纸

砖墙是用砖和砂浆按一定规律和组砌方式砌筑而成的。按所用砖块不同,有实心砖墙、多孔砖墙、空心砖墙之分。实心砖墙的厚度根据承重、保温、隔音等要求,一般有 115 mm(半砖墙)、240 mm(一砖墙)、365 mm(一砖半墙);多孔砖墙厚一般有 115 mm, 190 mm, 240 mm,空心砖墙厚一般有 90 mm, 115 mm, 190 mm。

(2)了解工作内容

① 实心砖墙:砂浆制作、运输,砌砖,勾缝,砖压顶砌筑,材料运输。

② 空斗墙:砂浆制作、运输,砌砖,装填充料,勾缝,材料运输。

③ 空花墙:砂浆制作、运输,砌砖,装填充料,勾缝,材料运输。

④ 填充墙:砂浆制作、运输,砌砖,装填充料,勾缝,材料运输。

(3)熟悉项目特征

① 实心砖墙:砖品种、规格、强度等级,墙体类型,墙体厚度,墙体高度,勾缝要求,砂浆强度等级、配合比。

② 空斗墙:砖品种、规格、强度等级,墙体类型,墙体厚度,勾缝要求,砂浆强度等级、配合比。

③ 空花墙:砖品种、规格、强度等级,墙体类型,墙体厚度,勾缝要求,砂浆强度等级、配合比。

④ 填充墙:砖品种、规格、强度等级,墙体厚度,填充材料种类,勾缝要求,砂浆强度等级。

3. 基础知识

① 工程清单项目有关说明。

a. 实心砖墙:实心砖墙是用砂浆为胶结材料将砖黏结在一起形成墙体构筑物。实心砖墙可分为外墙、内墙、围墙、双面混水墙(图 4-4)、双面清水墙(图 4-5)、单面清水墙、直形墙、弧形墙等。

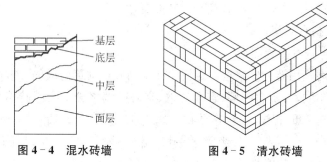

图 4-4 混水砖墙　　　　图 4-5 清水砖墙

女儿墙的砖压顶、围墙的砖压顶突出墙面部分不计算体积,压顶顶面凹进墙面的部分也不扣除(包括一般围墙的抽屉檐、棱角檐、仿瓦砖檐等)。

图 4-6 砖平碹

墙内砖平碹(图 4-6)、砖拱碹、砖过梁(图 4-7),应包括在报价内。

b. 空斗墙:空斗墙中窗间墙、窗台下、楼板下、梁头下的实砌部分应另行计算,按零星砌砖项目编码列项。

c. 空花墙:空花部分外形体

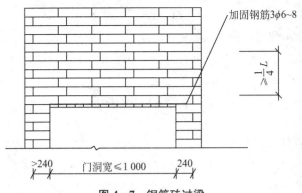

加固钢筋3φ6~8

$\geqslant \frac{1}{4}L$

>240 门洞宽≤1 000 240

图 4 - 7　钢筋砖过梁

积应包括空花的外框。使用混凝土花格砌筑的空花墙,分实砌墙体与混凝土花格分别计算工程量,混凝土花格按混凝土及钢筋混凝土预制零星构件编码列项。

② 标准砖墙不分清、混水墙及艺术形式复杂程度。砖过梁、砖圈梁、腰线、砖垛、砖挑檐、附墙烟囱等因素已综合在定额内,不得另立项目计算。阳台砖隔断按相应内墙定额执行。

③ 标准砖砌体如使用配砖,仍按本定额执行,不做调整。

④ 空斗墙中门窗立边、门窗过梁、窗台、墙角、檩条下、楼板下、踢脚线部分和屋檐处的实砌砖已包括在定额内,不得另立项目计算。空斗墙中遇有实砌钢筋砖圈梁及单面附垛时,应另列项目按小型砌体定额执行。

⑤ 砖砌围墙如设计为空斗墙、砌块墙时,应按相应项目执行,其基础与墙身除定额注明外应分别套用定额。

4. 计算步骤

① 步骤一:计算综合单价。

a. 空心砖内墙(315.1 换):$V = 46(\mathrm{m}^3)$。

综合单价 $= 1\,745.3$(元 $/10\ \mathrm{m}^3$)。

b. 多孔砖外墙(317):$V = 60(\mathrm{m}^3)$。

综合单价 $= 2\,111.5$(元 $/10\ \mathrm{m}^3$)。

c. 圆弧形多孔砖外墙(330):$V = 8(\mathrm{m}^3)$。

综合单价 = 2 106(元/10m³)。

② 步骤二:计算综合单价合计。

本砌筑工程综合单价合计 = (46×1 745.3＋60×2 111.5＋8×2 106)/10 = 22 382.2(元)。

③ 步骤三:编制综合单价分析表(表4－20)。

二、砌块砌体计价

某加气混凝土砌块内墙,M10混合砂浆砌筑,工程量为120 m³,水泥按市场询价以310元/t计算,编制该墙体的分部分项工程量清单计价表。计算该工程砌体的综合单价。

1. 资料准备

《砌体结构设计规范》、清单、计价表等。

2. 信息收集

① 了解工作内容:砂浆制作、运输,砌砖、砌块,勾缝,材料运输。

② 熟悉项目特征:墙体类型,墙体厚度,空心砖、砌块品种、规格、强度等级,勾缝要求,砂浆强度等级、配合比。

3. 基础知识

① 工程清单项目有关说明:空心砖墙是指一种中间有空气隔热的双层普通石砌体墙。砌块是指一种新型的墙体材料。一般利用地方资源或工业废渣。

空心砖墙、砌块墙项目适用于各种规格的空心砖和砌块砌筑的各种类型的墙体。应注意:嵌入空心砖墙、砌块墙的实心砖不扣除。

② 砌块墙、多孔砖墙中,窗台虎头砖、腰线、门窗洞边接茬用标准砖已包括在定额内。

③ 各种砖砌体的砖、砌块是按下列规格(单位:mm)编制的,规格不同时,可以换算。

④ 除标准砖墙外,本计价表的其他品种砖弧形墙其弧形部分每立方米砌体按相应项目人工增加15%,砖5%,其他不变。

表4-20　步骤三

项目编码	010401005001	项目名称	空心砖墙	计量单位	m³

清单综合单价组成明细

定额编号	定额名称	定额单位	数量	单价				合价			
				人工费	材料费	机械费	管理费和利润	人工费	材料费	机械费	管理费和利润
(3-15,1换)	黏土空心砖墙	10 m³	4.6	293.8	1 323.8	13.9	113.8	1 351.48	6 089.48	63.94	523.48
(3-17)	1砖多孔砖墙	10 m³	6	293.8	1 685.7	17	115	1 762.8	10 114.2	102	690
(3-30)	1砖多孔砖墙	10 m³	0.8	410.6	1 510	24.2	161	328.48	1 208	19.36	128.8
人工单价			小计					3 442.76	17 411.68	185.3	1 341.28
43元/工日			未计价材料费								
			清单项目综合单价								

⑤ 砌砖、块定额中已包括了门、窗框与砌体的原浆勾缝在内，砌筑砂浆强度等级按设计规定应分别套用。

⑥ 小型砌体系指砖砌门蹲、房上烟囱、地垄墙、水槽、水池脚、垃圾箱、台阶面上矮墙、花台、煤箱、垃圾箱、容积在 3 m³ 内的水池、大小便槽（包括踏步）、阳台栏板等砌体。

4. 计算步骤

① 步骤一:计算综合单价。

套用 36.1 定额:

人工费 $= 120 \times 23.4 \times (1 + 20\%) = 3\,369.60$(元)。

材料费 $= 120 \times [143.184 + (310 - 211) \times 0.061] \times (1 + 3\%) = 18\,443.96$(元)。

机械费 $= 120 \times 0.62 \times (1 + 5\%) = 78.12$(元)。

企业管理费 $= (3\,369.60 + 78.12) \times 25\% = 897.3$(元)。

利润 $= (3\,369.60 + 78.12) \times 12\% = 413.73$(元)。

项目合价 $= 23\,202.71$(元)。

综合单价 $= 23\,202.71/120 = 193.36$(元 /m³)。

② 步骤二:编制分部分项工程量清单计价表（表 4 - 21）。

表 4 - 21　步骤二

序号	项目编码	项目名称	计量单位	工程数量	金额（元）	
					综合单价	合价
1	010304001001	砌块内墙一:M10 混合砂浆;墙厚一砖	m³	120	193.36	23 202.71

第四节　钢筋工程计价

图 4 - 8 为某非抗震结构三类工程项目,现场预制 C30 钢筋混凝土梁 YL1,共计 20 根。根据图示按 2004 版计价表的规定计算出了设计钢筋用量（除②钢筋和箍筋为Ⅰ级钢筋,其余均为Ⅱ级钢筋,主筋保护层厚度为 25 mm）。钢筋工程梁计算见表 4 - 22。

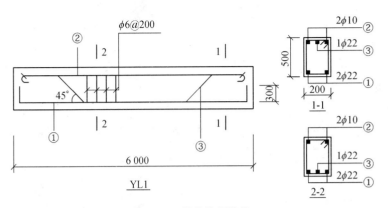

图 4－8　某非抗震结构

表 4－22　钢筋计算表

编号	直径	简图	单根长度计算式(m)	根数	总长度	质量(kg)
1	$\phi22$		$(6.0-0.025\times2)$ $+0.3\times2=6.55$	2×20		712.64
2	$\phi10$		$(6.0-0.025\times2)$ $+12.5\times0.01=$ 6.075	2×20		149.93
3	$\phi22$		$(6.0-0.025\times2)$ $+0.414\times(0.5-$ $0.025\times2)\times2=$ 6.3226	1×20		343.95
4	$\phi6$		$(0.50-2\times0.025$ $+2\times0.006)\times2+$ $(0.2-2\times0.025+2$ $\times0.006)\times2+14\times$ $0.006=1.332$	31×20		183.34

合计：$\phi20$ 内：333.27 kg　$\phi20$ 外：1 056.59 kg

① 请按照《建设工程工程量清单计价规范》的规定编制该钢筋工程的清单。

② 请按照 2004 计价表套用相应钢筋项目综合单价并计算合价。

③ 请按照 2004 计价表的规定计算出该钢筋分部分项工程费、措施项目费并汇总工程造价(措施费:检验试验费 0.18%,临时设施费 1%。规费:劳动保险费率 1.6%,税金 3.44%。未列出的费用项目不计)。

1. 资料准备

《建设工程工程量清单计价规范》、××省 2004 计价表、平法图集、施工图纸、《混凝土结构设计规范》、GB 50204—2002《混凝土结构工程施工质量验收规范》等。

2. 信息收集

钢筋计价规范。

3. 基础知识

(1) 钢筋工程工程量清单规范的规定

① 钢筋工程量清单项目:现浇构件钢筋、预制构件钢筋、钢筋网片、钢筋笼、先张法预应力钢筋、后张法预应力钢筋、预应力钢丝、预应力钢绞线。

② 清单项目特征描述:钢筋工程清单特征主要描述钢筋的种类和规格。为方便应用,建议钢筋清单分项与计价表一致,比如预制构件钢筋按照直径 20 mm 以内和以外两个项目进行设置。

③ 钢筋清单组价时要特别注意清单项目对应的工程内容。

(2) 钢筋工程工程量清单计价规定

计价表规定钢筋工程包括现浇构件、预制构件、预应力构件和其他共四个部分 32 个子目。

① 设计图纸注明的钢筋接头长度以及未注明的钢筋接头按规范的搭接长度应计入设计钢筋用量中。

② 先张法预应力构件中的预应力、非预应力钢筋工程量应合并计算,按预应力钢筋相应项目执行。后张法预应力构件中的预应力钢筋、非预应力钢筋应分别套用定额。

③ 粗钢筋接头采用电渣压力焊、套管接头、锥螺纹等接头者,应分别执行钢筋接头定额。计算了钢筋接头不能再计算钢筋搭接长度。

④ 钢筋制作、绑扎需拆分者，制作按 45%、绑扎按 55% 折算。

⑤ 钢筋、铁件在加工厂制作时，由加工厂至现场的运输费应另列项目计算。在现场制作的不计算此项费用。

（3）钢筋工程计价应用

① 区别钢筋工程项目对应的是哪种混凝土类型构件，如现浇构件、预制构件、预应力构件和其他。

② 区别不同类型混凝土构件的钢筋规格，如普通钢筋、冷轧带肋钢筋、成型冷轧扭钢筋、钢筋笼、点焊网片、先（后）张法钢筋、后张法钢丝束等。

③ 注意结构工程中是否有砌体（板缝）内加固钢筋、铁件制作安装、钢筋接头（电渣压力焊、机械连接等）。

④ 根据以上判断，套用相应计价表项目。

⑤ 按照工程造价费用计算规定，计算相应单位工程造价。

4. 计算步骤

（1）区别混凝土构件类型及钢筋规格

① 混凝土构件类型：根据本案例给出的背景信息，我们确定了混凝土梁为现场预制构件。

② 钢筋规格：根据本案例背景信息，我们确定预制构件钢筋直径 20 mm 以外的为 22 mm，直径 20 mm 以内的为 10 mm，6 mm。

③ 基于以上读取的信息，我们确定相应的计价表项目为 49，410。

（2）完成计算

根据案例背景资料，结合第一步确定的计价表项目，完成工程造价费用的计算（表 4 - 23~4 - 25）。

表 4 - 23　钢筋工程量清单表

序号	项目编码	项目名称	项目特征	计量单位	数量	综合单价	合价
1	010416002001	预制构件钢筋	φ20 以内	t	0.333		
2	010416002002	预制构件钢筋	φ20 以外	t	1.057		

表 4 - 24　钢筋工程量清单计价表

序号	项目编码	项目名称	项目特征	计量单位	数量	综合单价	合价
1	010416002001	预制构件钢筋	ϕ20 以内	t	0.333	3 410.20	1 135.60
	4 - 9	现场预制混凝土构件 ϕ20 内		t	0.333	3 410.20	1 135.60
2	010416002002	预制构件钢筋	ϕ20 以外	t	1.057	3 185.55	3 367.13
	4 - 10	现场预制混凝土构件 ϕ20 内		t	1.057	3 185.55	3 367.13

表 4 - 25　工程造价计算程序表

序号	费用名称		计算公式	金额(元)
一	分部分项工程费		4 502.73	4 502.73
二	措施项目费	检验试验费	(一)×0.18%	8.10
		临时设施费	(一)×1%	45.03
三	其他项目费		100.00	100.00
四	规费	劳动保险费	(一+二+三)×1.6%	74.49
五	税金		(一+二+三+四)×3.44%	162.88
六	工程造价		一+二+三+四+五	4 897.89

第五节　屋面及保温隔热工程计价

如图 4 - 9 所示,某上人屋面防水层采用 20 mm 厚 1∶3 水泥砂浆填充找平,冷底子油一道,SBS 卷材防水层,铺 60 mm 厚 400 mm×400 mm 预制混凝土板。求该防水层的分项工程费及清单综合单价。

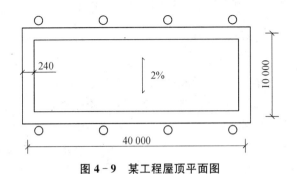

图 4-9　某工程屋顶平面图

1. 资料准备

结构施工图、平法图集(03G101-1)、《混凝土结构设计规范》、屋面工程质量验收规范。

2. 信息收集

认识屋架构造、了解基本的构件以及相应的工程量计算规则及屋面计价规则。

3. 基础知识

① 屋面防水分为瓦、卷材、刚性、涂膜四部分。瓦材规格与定额不同时,瓦的数量可以换算,其他不变。

② 油毡卷材屋面包括刷冷底子油一遍,但不包括天沟、泛水、屋脊、檐口等处的附加层在内,其附加层应另行计算。其他卷材屋面均包括附加层。

③ 本节以石油沥青、石油沥青玛碲脂为准,设计使用煤沥青、煤沥青玛碲脂,按实调整。

④ 冷胶"二布三涂"项目,其"三涂"是指涂膜构成的防水层数,并非指涂刷遍数,每一涂层的厚度必须符合规范(每一涂层刷二至三遍)要求。

⑤ 高聚物、高分子防水卷材粘贴,实际使用的黏结剂与本定额不同,单价可以换算,其他不变。

⑥ 平、立面及其他防水是指楼地面及墙面的防水,分为涂刷、砂浆、粘贴卷材三部分,既适用于建筑物(包括地下室)又适用于构

筑物。

⑦ 各种卷材的防水层均已包括刷冷底子油一遍和平、立面交界处的附加层工料在内。

⑧ 在黏结层上单撒绿豆砂者(定额中已包括绿豆砂的项目除外),每 10 m² 铺撒面积增加 0.066 工日,绿豆砂 0.078 t。

4. 计算步骤

① 屋面及防水工程施工图识读。根据建筑设计总说明,查阅相应的标准图集及防水工程清单。

② 工程量计算。

屋面卷材防水清单工程量:$S = (40 - 0.24) \times (10 - 0.24) + (39.76 + 9.76) \times 2 \times 0.25 = 412.82(\text{m}^2)$。

③ 屋面及防水工程计价工程量的计算。

定额工程量及分部分项工程费用:

SBS 卷材防水:412.82(m²)。

20 mm 厚 1:3 水泥砂浆找平:412.82(m²)。

④ 屋面及防水工程综合单价计算(表 4-26)。

表 4-26 综合单价分析表

序号	项目编码	定额编号	子目名称	单位	数量	人工费	材料费	机械费	管理费	利润	综合单价
1	010902001001		屋面卷材防水	m²	412.82	3.796	42.407	0.206	1.001	0.483	47.89
		9-30	SBS 卷材防水	10 m²	41.282	1.56	36.84		0.39	0.19	389.78
		9-75	20 厚 1:3 水泥砂浆找平	10 m²	41.282	2.236	5.567	0.206	0.611	0.293	89.13

注:表 4-26 中"综合单价组成(元)"包含人工费、材料费、机械费、管理费、利润五列。

⑤ 填写分部分项工程量计价表,汇总分部分项工程费用(表 4-27)。

表4－27 分部分项工程量计价表

序号	项目编码	项目名称	项目特征描述	计量单位	工程量	金额	
						综合单价	合价
1	010902001001	屋面卷材防水	20厚1∶3水泥砂浆填充找平;冷底子油一道;SBS卷材防水层;铺60厚400×400预制混凝土板	m²	412.82	47.89	19 769.95

第六节　装饰装修工程计价

一、楼地面工程计价

某工程平面图如图4－10所示,已知地面做法:碎石垫层干铺

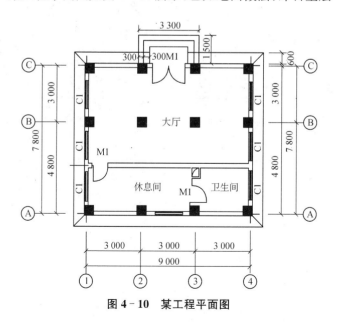

图4－10　某工程平面图

100 mm 厚，C10 混凝土垫层 60 mm 厚不分格，水泥砂浆地面面层 20 mm 厚。计算水泥砂浆地面的综合单价。

1. 资料准备

建筑施工图、结构施工图、楼地面做法规范及相关规程。

2. 信息收集

掌握楼地面的做法，了解楼地面的分层做法以及相应的计价规则。

3. 基础知识

熟悉建筑与装饰工程计价表。

4. 计算步骤

① 计算水泥砂浆地面的清单工程量（表 4-28）。

表 4-28　清单工程量

序号	项目编码	项目名称	工程量计算式	计量单位	工程量
1	020101001001	水泥砂浆楼地面	大厅：$(7.80-2.5-0.2)\times(9.0-0.2)=44.88$ 扣柱：$-0.60\times0.6\times1=-0.36(>0.3)$ 休息间、卫生间：$(2.5-0.2)\times(9.0-0.2)=20.24$	m²	64.76

② 计算水泥砂浆地面的定额工程量（表 4-29）。

表 4-29　定额工程量

序号	定额编号	项目名称	工程量计算式	计量单位	工程量
1	12-9	碎石垫层	$[(7.80-2.5-0.2)\times(9.0-0.2)+(2.5-0.2)\times(9.0-0.2)]\times0.1=6.51$	m²	6.51
2	12-11	混凝土垫层	$[(7.80-2.5-0.2)\times(9.0-0.2)+(2.5-0.2)\times(9.0-0.2)]\times0.06=3.91$	m³	3.91

(续表)

序号	定额编号	项目名称	工程量计算式	计量单位	工程量
3	12-22	水泥砂浆楼地面	$(7.80-2.5-0.2)×(9.0-0.2)+(2.5-0.2)×(9.0-0.2)=65.12$	10 m²	6.51

③ 编制综合单价分析表(表4-30)。

表4-30 综合单价分析表

序号	定额编码(定额编号)	子目名称	单位	数量	综合单价组成(元)					综合单价
					人工费	材料费	机械费	管理费	利润	
1	20101001001	水泥砂浆楼地面	m²	64.76	6.08	20.16	0.57	1.66	0.8	29.27
	12-9	碎石垫层干铺	m²	6.51	14.56	61.26	0.97	3.88	1.86	82.53
	12-11	(C10混凝土20 mm 32.5垫层不分格)	m²	3.91	35.36	158.69	4.34	9.93	4.76	213.08
	12-22	水泥砂浆楼地面厚20 mm	10 m²	6.512	24.7	43.97	2.06	6.69	3.21	80.63

二、墙柱面工程计价

如图4-11所示,该工程室内抹灰(不含卫生间)做法:1:1:6混合砂浆底15 mm厚1:0.3:3混合砂浆面5 mm厚,计算其综合单价。

1. 资料准备

建筑施工图、结构施工图、墙柱面做法规范及计价规范。

2. 信息收集

了解墙柱面装饰的构造及相关工程量的计算规则。

3. 基础知识

(1) 墙柱面工程的分类

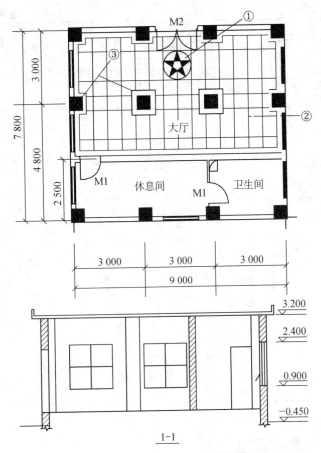

图 4-11 某工程平面和剖面图

墙柱面装修可分为抹灰类、镶贴类、涂料类、裱糊类和镶钉类。

（2）墙柱面工程的施工工艺

① 墙柱面抹灰：抹灰工程施工是分层进行的，这样有利于抹灰牢固、抹面平整以及保证质量。

抹灰主要用到的工具有刮杠（大 2.5 m，中 1.5 m）、靠尺板、线坠、钢卷尺、方尺、托灰板、抹子等。

a. 室内抹灰施工工艺流程：基层清理→浇水湿润→吊垂直、套方、找规矩、做灰饼→抹水泥踢脚（或墙裙）→做护角→墙面充筋→抹底灰→抹罩面灰。

b. 室外抹灰施工工艺流程：墙面基层处理、浇水湿润→堵门窗口缝及脚手眼、孔洞→吊垂直、套方、找规矩、抹灰饼、充筋→抹底层灰、中层灰→分格弹线、嵌分格条→抹面层灰、起分格条→抹滴水线→养护。

c. 装饰抹灰的底层与一般抹灰要求相同，只是面层根据材料及其施工方法的不同而具有不同的形式，相较一般抹灰，稍显复杂。

② 墙柱面镶贴块料：墙柱面镶贴块料多用于建筑物的墙面、柱面等高级装饰墙面。主要施工有水平尺、方尺、靠尺板、托线板、线坠、砂轮、裁割机、托灰板、抹子、钢丝刷、大小锤子等。安装主要有湿法安装和干法安装两种方法。

（3）墙柱面抹灰清单项目设置

墙面抹灰和柱面抹灰均包括一般抹灰、装饰抹灰及勾缝各三个项目。

4. 计算步骤

① 计算清单工程量。

② 计算定额工程量。

定额工程量同清单工程量（表 4 - 31）。

表 4 - 31　定额工程量

序号	项目编码	项目名称	工程量计算式	计量单位	工程量
1	020201001001	墙面一般抹灰	大厅：$[(7.80-2.5-0.2)+(9.0-0.2)]\times 2=27.8(m)$ 休息间：$[(2.5-0.2)+(6.0-0.25-0.1)]\times 2=15.9(m)$ 柱侧边：$0.3\times 2\times 5=3.0(m)$ 小计：$(27.8+15.9+3.0)\times 3.2=19.44(m^2)$ 扣门窗：$-1.8\times 2.1-0.9\times 2.1\times 3-1.5\times 1.5\times 6=-22.95(m^2)$	m^2	126.49
	020202001001	柱面一般抹灰	$(0.6\times 4+0.5\times 4)\times 3.2=14.08$	m^2	14.08

③ 编制综合单价分析表(表 4-32)。

表 4-32　综合单价分析表

定额编码 (定额编号)	子目名称	单位	数量	综合单价组成(元)					综合单价
				人工费	材料费	机械费	管理费	利润	
020201001001	墙面一般抹灰	m²	126.49	3.72	3.30	0.23	0.99	0.47	8.71
13-31	内砖墙面抹混合砂浆	10 m²	12.649	37.18	33.03	2.26	9.86	4.73	87.06
020202001001	柱面一般抹灰	m²	14.09	5.75	3.79	0.23	1.49	0.72	11.98
13-40	矩形混凝土柱、梁面抹混合砂浆	10 m²	1.409	57.46	37.87	2.31	14.94	7.17	119.75

三、天棚工程计价

图 4-12 中现浇混凝土楼板天棚抹 12 mm 厚 1：0.3：3 混合砂浆,天棚与墙交接处抹小圆角,计算天棚抹灰的综合单价。

1. 资料准备

建筑施工图、结构施工图、天棚做法规范及相关规程。

2. 信息收集

认识天棚构造,了解天棚的构件以及相应的计价规范。

3. 基础知识

(1) 天棚工程的分类

顶棚又称为平顶或天花板,是楼板层的最下面部分,是建筑物室内主要饰面之一。常见顶棚的分类主要有以下几类:

① 直接式顶棚:直接式顶棚即在屋面板、楼板等的底面直接喷浆、抹灰、粘贴壁纸、粘贴面砖、粘贴钉接石膏板条与其他板材等饰面材料。其中包括直接抹灰顶棚、直接格栅顶棚、结构顶棚。

② 悬吊式顶棚:悬吊式顶棚又称"天棚吊顶",它距离屋顶或

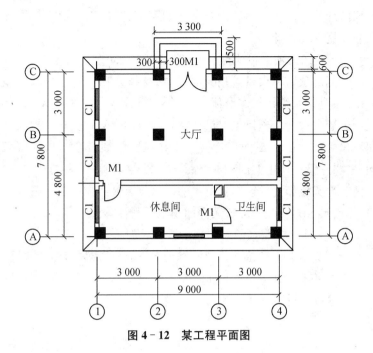

图 4 - 12 某工程平面图

楼板的下表面有一定的高度,并通过悬挂物与主体结构连接在一起。这类顶棚类型较多,构造复杂,包括整体式吊顶、板材吊顶和开敞式吊顶。悬吊式顶棚多数是由吊筋、龙骨和面板三大部分组成。

(2)天棚工程施工工艺

① 天棚抹灰施工工艺:施工准备→基层处理→找规矩→分层抹灰→罩面装饰抹灰。

② 天棚吊顶施工工艺:安装吊点紧固件→沿吊顶标高线固定墙边龙骨→刷防火漆→拼接龙骨→分片吊装与吊点固定→分片间的连接→预留孔洞→整体调整→安装饰面板。

(3)天棚抹灰清单项目设置(编码 020301)

天棚抹灰清单项目工程量计算规则:计量单位为 m²。按设计图示尺寸以水平投影面积计算。不扣除间壁墙、垛、柱、附墙烟囱、检查口和管道所占的面积。带梁天棚、梁两侧抹灰面积并入天棚面积内计算。板式楼梯底面抹灰按斜面积计算,锯齿形楼梯底板抹灰按展开面积计算。

(4) 天棚吊顶清单项目设置(编码 020302)

天棚吊顶清单项目包括天棚吊顶、格栅吊顶、吊筒吊顶、藤条造型悬挂吊顶、织物软雕吊顶、网架(装饰)吊顶六个项目。

天棚吊顶清单项目工程量计算规则:计量单位为 m^2。按设计图示尺寸以水平投影面积计算。不扣除间壁墙、检查口、附墙烟囱、柱垛和管道所占的面积,扣除单个面积超过 $0.3\ m^2$ 的孔洞、独立柱及与天棚相连的窗帘盒所占的面积。天棚面积中的灯槽及跌级、锯齿形、吊挂式、藻井式天棚面积不展开计算。

(5) 天棚其他装饰清单项目设置(编码 020303)

天棚其他装饰清单项目包括灯带与送风口、回风口两个项目。

天棚其他装饰清单项目工程量计算规则:

① 灯带:计量单位为 m^2。按设计图示尺寸以框外围面积计算。

② 送风口、回风口:计量单位为“个”。按设计图示数量计算。

4. 计算步骤

① 计算天棚抹灰的清单工程量(表 4 - 33)。

表 4 - 33 清单工程量

序号	项目编码	项目名称	工程量计算式	计量单位	工程量
1	020301001001	天棚抹灰	大厅:$(7.80 - 2.5 - 0.2) \times (9.0 - 0.2) = 44.88$ 休息间、卫生间:$(2.5 - 0.2) \times (9.0 - 0.2) = 20.24$	m^2	65.12

② 计算天棚抹灰的定额工程量。

定额工程量同清单工程量。

③ 编制综合单价分析表(表 4 - 34)。

14 - 115 换算过程为 $80.14 + 0.005 \times 181.24 + 0.001 \times 51.43 \times 1.37 = 81.12(元/m^3)$。

表 4-34 综合单价分析表

序号	项目编码（定额编号）	子目名称	单位	数量	综合单价组成（元）					综合单价
					人工费	材料费	机械费	管理费	利润	
1	020301001001	天棚抹灰	m²	65.12	3.93	2.54	0.14	1.02	0.49	8.11
	14-115换	现浇混凝土天棚混合砂浆面	10 m²	6.512	39.26	25.43	1.39	10.16	4.88	81.12

四、门窗工程计价

某工程门大样如图 4-13 所示,采用细木工板贴切片板,白桦切片板整片开洞,实木收边,共 10 樘。求该木门的综合单价(白桦切片板单价 25.24 元/m²,雀眼切片板单价 60.47 元/m²,实木收边单价 5.0 元/m)。

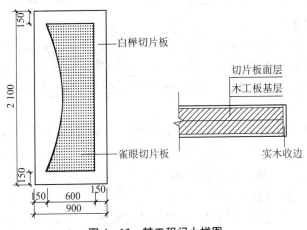

图 4-13 某工程门大样图

1. 资料准备

建筑施工图、结构施工图、门窗做法规范及相关规程。

2. 信息收集

认识门窗构造，了解门窗的构件以及相应的计价规则。

3. 基础知识

(1) 门窗的类型

① 按材料分类。

a. 按门所采用材料不同可分为木门、金属门、金属卷帘门和其他门(有特殊要求的门)。

b. 按窗所采用材料不同可分为木窗、钢窗、铝合金窗、玻璃钢窗、塑料窗、塑钢窗等复合型材料制作的窗。

② 按开启方式分类。

a. 门的分类有平开门、弹簧门、推拉门、折叠门、转门、上翻门、卷帘门等。

b. 窗的分类有平开窗、悬窗、立转窗、推拉窗、固定窗等。

(2) 门窗套、贴脸、筒子板

① 门窗套是指对门窗洞口外围周边，用宽板进行覆盖的高级装饰，可以采用木质门窗套、不锈钢门窗套或石材门窗套等。有较好的保护及装饰效果。

② 门窗贴脸是指对门窗洞口外围周边所进行的一般装饰。当门窗洞口周边不做门窗套时，可采用较窄的木质板条或塑料板条，把门窗框与墙之间的缝隙遮盖起来，这样的遮盖条板称为贴脸。

③ 门窗筒子板是指对门窗洞口内圈洞壁所进行的高级装饰。筒子板一般采用木质板材，基本上可分带木筋硬木板、不带木筋硬木板、木工板基层贴饰面板等。

(3) 窗帘盒、窗台板

① 窗帘盒是指用以遮挡窗帘杆的装饰木盒，制作窗帘盒的材料有细木工板、饰面板、硬木板等。

② 窗台板是指对窗洞下口进行装饰的平板，板宽一般挑出墙面外 50 mm。按材料的不同基本上可分为硬木台板、饰面台板、大理石台板等。

（4）门窗项目工程量计算规则

① 计量单位为"樘/m²"。计算时可以按设计图示门的樘数计算，亦可按相应门的设计图示洞口尺寸以面积计算。为便于报价，宜按后者进行计算。

② 木连窗门项目可以将门、窗分别列项（以第五级编码区别），在工程量计算时以门框与窗扇之间的立樘边为界。

（5）木窗、金属窗清单项目工程量计算规则

① 计量单位为"樘/m²"。即既可以以窗的樘数计算，也可以以相应窗的设计图示洞口尺寸计算。一般建议以窗的洞口面积计算。

② 如遇框架结构的连续长窗也以"樘/m²"计算，但对连续长窗的扇数和洞口尺寸应在工程量清单中进行阐述。

③ "特殊五金"计量单位为"个"，要根据窗所需的特殊五金个数计算。

（6）门窗套、窗帘盒、窗帘轨、窗台板清单项目工程量计算规则

① 门窗套、贴脸、筒子板项目：计量单位为"m²"，按照设计图示尺寸以展开面积（展开面积是指按其铺钉面积）计算。

② 窗帘盒、窗帘轨项目：计量单位为"m"，按设计图示尺寸以长度计算，若为弧形应按其长度以中心线计算。

③ 窗台板项目：计量单位为"m"，按设计图示尺寸以长度计算，其两侧伸出洞口两侧的长度也并入计算。

4. 计算步骤

① 计算清单工程量（表 4 - 35）。

雀眼切片板含量：$0.6×(2.1-0.15×2)/1.89×1.10×10=6.29(\text{m}^2/10\ \text{m}^2)$。

表 4 - 35　清单工程量

序号	项目编码	项目名称	工程量计算式	计量单位	工程量
1	020401005002	夹板装饰门	$0.9×2.1×10=18.9$	m²	18.9

② 计算定额工程量。

定额工程量同清单工程量。

③ 编制综合单价分析表(表4-36)。

15-327换算过程为 $2\,935.29+(25.24-10.55)\times22+(60.47\times6.29-85\times12.57)+(5-3.71)\times29.15=2\,607.98(元/m^3)$。

表4-36 综合单价分析表

| 序号 | 项目编码定额编号 | 子目名称 | 单位 | 数量 | 综合单价组成(元) | | | | | 综合单价 |
					人工费	材料费	机械费	管理费	利润	
1	020401005002	夹板装饰门	m²	18.90	44.69	196.71	2.09	11.70	5.61	260.80
	15-327换	细木工板实芯门扇双面贴切片板	10 m²	1.89	446.88	1 967.06	20.94	116.96	56.14	2 607.98

五、油漆、涂料、裱糊工程计价

某工程电梯厅墙面如图4-14所示,门套为大理石水泥砂浆粘贴,现场加工石材边为指甲圆形磨边,对折处为45°角磨边,墙面为抹灰面上乳胶漆两遍(混合腻子),大理石踢脚线,求相关项目综合单价。

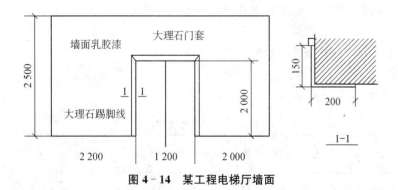

图4-14 某工程电梯厅墙面

1. 资料准备

建筑施工图、结构施工图、油漆涂料裱糊做法规范及相关规程。

2. 信息收集

掌握油漆涂料裱糊的施工工艺以及相应的计价规则。

3. 基础知识

（1）建筑涂料

建筑内外墙面用涂料做装饰面是饰面做法中最简单的一种方式。墙面涂刷装修多以抹灰面为基层，也可以直接涂刷在砖、混凝土、木材等基层上。根据装饰要求，可以采取刷涂、滚涂、喷涂、弹涂等施工工艺以形成不同的质感和效果。

涂料主要包括适用于室内外的各种水溶型涂料、乳液型涂料、溶剂型涂料（包括油漆）以及清漆等涂料。涂料的品种繁多，应按其性质和用途加以认真选择及使用。选择时要注意配套使用，也就是说底漆和腻子、腻子与面漆、面漆与罩光漆彼此之间的附着力不致有影响。

（2）裱糊工程

裱糊工程，是将各种装饰性壁纸、墙布等卷材用黏结剂裱糊在墙面上而做成的一种饰面。这种装饰饰面施工简单、美观耐用，具有良好的装饰效果。

壁纸类型有：

① 普通类型即纸基壁纸：有良好的透气性，价格便宜，但不能清洗，易断裂，现今已很少使用这种饰面。

② 塑料 PVC（聚氯乙烯）壁纸：把聚氯乙烯塑料薄膜作为面层，将专用纸作为基层，在纸上涂布或热压复合成型。其强度高，易于擦洗，使用非常广泛。

③ 纤维织物壁纸：用玻璃纤维、丝、羊毛、棉麻等纤维织成的壁纸。这种壁纸强度好，质感柔和、高雅，能形成良好的环境气氛。但其价格较高。

④ 金属壁纸：是一种用印花、压花、涂金属粉等工序加工而成

的高档壁纸,有富丽堂皇之感,一般用于高级装修中(如大酒店等)。

(3)油漆、涂料、裱糊工程清单项目工程量计算规则

① 以"樘/m^2"为计量单位的清单项目有门油漆和窗油漆。

② 以 m 为计量单位的清单项目有木扶手及其他板条线条油漆、抹灰线条油漆及线条喷刷涂料。

③ 以 m^2 为计量单位的清单项目有木材面油漆、抹灰面油漆、喷刷涂料、空花格/栏杆刷涂料、墙纸裱糊及织锦缎裱糊。

④ 以 t 为计量单位的清单项目有金属面油漆。

⑤ 楼梯木扶手工程量按中心线斜长计算,弯头长度应并入扶手长度内计算。

⑥ 搏风板工程量按中心线斜长计算,有大刀头的每个大刀头增加长度为 50 cm(搏风板是悬山或歇山屋顶山墙处沿屋顶斜坡钉在桁头的板,大刀头是搏风板头的一种,其形似大刀)。

⑦ 单面油漆按单面面积计算,双面油漆按双面面积计算的清单项目有木板、纤维板、胶合板油漆。

⑧ 以垂直投影面积计算的清单项目有木护墙、木墙裙油漆。

⑨ 以水平或垂直投影面积计算的清单项目有台板、筒子板、盖板、门窗套、踢脚线油漆(其中门窗套的贴脸板和筒子板垂直投影面积合并)。

⑩ 以水平投影面积计算的清单项目有清水板条天棚、檐口油漆、木方格吊顶天棚油漆(不扣除空洞面积)。

4. 计算步骤

① 定额工程量(表4-37)。

表4-37 定额工程量

序号	定额编号	项目名称	工程量计算式	计量单位	工程量
1	12-52	石材踢脚线	2.2+2.0=4.2(m)	10 m	0.42
2	13-82	石材门窗套	同清单工程量:1.98 m	10 m	0.198

序号	定额编号	项目名称	工程量计算式	计量单位	工程量
3	17-41	指甲圆形磨边	$(2.0+0.2-0.15)+(1.2+0.2\times2)=5.7$(m)	10 m	0.57
4	17-39	45°角磨边	$2.0\times2+1.2=5.2$(m)	10 m	0.52
5	16-307	内墙面乳胶漆	同清单工程量:10.22 m	10 m	1.022

② 综合单价(表4-38)。

表4-38 综合单价分析表

项目编码 (定额编号)	子目名称	单位	数量	综合单价组成(元)					综合单价
				人工费	材料费	机械费	管理费	利润	
020105002001	石材踢脚线		0.63	14.19	158.92	0.37	3.63	1.75	178.87
12-51	大理石踢脚线水泥砂浆粘贴	10 m	0.42	21.29	238.38	0.55	5.45	2.62	268.29
020407003001	石材门窗套	10 m²	0.198	211.11	1 661.57	4.14	53.79	25.81	1 956.46
13-82	零星项目水泥砂浆粘贴大理石	10 m	0.198	211.11	1 661.57	4.14	53.79	25.81	1 956.42
17-39	石材磨边45°	10 m	0.52	53.19	16.00	10.73	15.98	7.67	103.57
02506001001	抹灰面油漆	m²	10.22	2.74	3.91		0.69	0.33	7.66
16-307	内墙面乳胶漆抹灰面批混合腻子	10 m²	1.022	39.05			6.86	3.29	76.64

第五章

建筑工程预算软件应用

一、建模的基本流程——新建工程

本章将会以"某小学工程"为例,讲述用软件手工建模算量的基本流程。

图 5-1 为本项目目标工程。

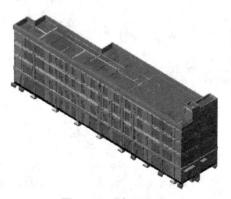

图 5-1 目标工程图

根据有关图纸及 2008 清单规范利用鲁班软件建模计算工程量。

1. 新建工程

双击桌面的鲁班算量图标,在出现的对话框中选择"新建工程",出现"新建"对话框,操作过程如图 5-2 所示。

新建工程,输入工程名称,同时点击"保存"按钮后,软件自动

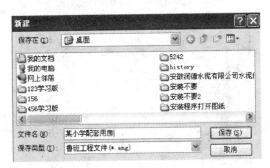

图 5-2 "新建"对话框

进入"选择属性模板"对话框(图 5-3)(是已经另存的模板)。

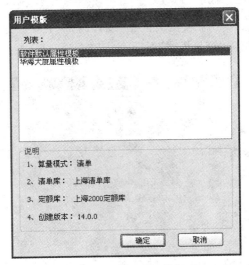

图 5-3 选择属性模板

① 定额版软件默认属性模板:软件默认构件的属性,要按实际工程重新定义构件属性。

② 华海大厦属性模板:利用已做工程构件的属性,省去属性定义、套定额、计算规则调整的时间。

2. 工程设置

新工程的"工程概况"对话框如图 5-4 所示。

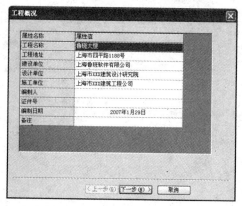

图5-4 "工程概况"对话框

在图5-4中输入相关信息,以作封面打印之用。左键单击"下一步",进入"算量模式"对话框(图5-5)。

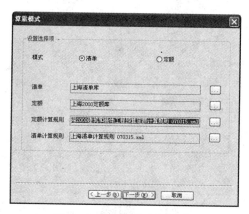

图5-5 "算量模式"对话框

根据需要选择清单或者定额算量模式,然后选择需要的清单库、定额库以及对应的计算规则。

① 清单:左键点击右边的按钮,选择"清单库"。

② 定额:左键点击右边的按钮,选择"定额库"。

③ 定额计算规则:可以选择系统已有的计算规则,也可以选

择修改过的且保存为模板的计算规则。计算规则保存参见定额计算规则修改。

④ 清单计算规则：可以选择系统已有的计算规则，也可以选择修改过的且保存为模板的计算规则。计算规则保存参见清单计算规则修改。

左键单击"下一步"，进入"楼层设置"对话框(图 5 - 6)。

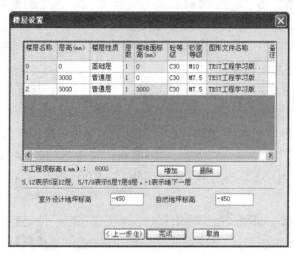

图 5 - 6 "楼层设置"对话框

需要我们修改完成的项目有：

① 楼层名称：用数字表示楼层的编号。其中 0 层表示基础层；-1 表示地下第一层；1 表示地上第一层；1.5 表示架空层或技术层；2，6 表示 2 到 6 层为标准层；7/9/11 表示隔层的 7，9，11 相同。需要指出的是，这里标准层指结构、建筑装饰完全相同(包括材料)，部分不同的楼层不能按标准层处理。

② 层高：指每一层的高度，这里我们输入的是建筑高度。此处与 V7.3 版本的区别详见"取层高与取标高的区别"。

③ 楼层性质：共有 8 种——普通层、标准层、基础层、地下室、技术层、架空层、顶层、其他，如楼层名称中的各种表示。这里需要

指出的是,一层外墙(混凝土外墙、砖外墙、电梯井墙)、柱的超高模板、脚手架、外墙面装饰的高度,因有无地下室而不同,需要在相应的计算项目中的"附件尺寸"中加以调整。详见属性定义—附件尺寸。

④ 层数:随楼层名称自动生成层数,不需要修改。

⑤ 楼地面标高:软件会根据当前层下的楼层所设定的楼层层高自动累计楼层地面标高,此处与旧版本(如 V7.3 版本)的区别详见"取层高与取标高的区别"。

⑥ 混凝土等级:按结构总说明输入各层混凝土的等级,数据对各个楼层的属性起作用。

⑦ 砂浆等级:按结构总说明输入各层砂浆的等级,对各个楼层的属性起作用。

⑧ 图形文件名称:表示各楼层对应的算量平面图的图形文件(DWG 文件)的名称。点击此按钮,可以进入"选择图形文件"的对话框,如果不修改图形文件的名称,系统会自动设定图形文件的名称。

⑨ 增加、删除:如果要增加楼层,点击"增加"按钮,软件会自动增加一个楼层;如果要删除某一楼层,先选中此楼层,楼层中的相关信息变蓝,再点击"删除"按钮,会弹出一个"警告"对话框"是否要删除楼层?",选择"是",软件删除此楼层,选择"否",软件不会删除此楼层。

⑩ 室外设计地坪标高:蓝图上标注出来的室外设计标高(与外墙装饰有关)包括以下这些内容。

a. 自然地坪标高:施工现场的地坪标高(与土方有关)。

b. 地下水位:若将前面的钩勾上,可设置本工程地下水位的标高,报表中可区分干湿土的工程量。左键单击"下一步",进入"标高设置"对话框(图 5-7)。

⑪ 标高形式:构件高度可以选择采用楼层标高或者工程标高的形式表示,以便于根据图纸实际标注灵活设置,支持分层分类分构件设置。

图 5-7　"标高设置"对话框

3. 工程另存为

执行菜单中"工程"—"另存为"命令,可以将工程的内容存储为其他工程。

4. 属性模板保存

点击构件属性定义里面的另存为模板或是点击下拉菜单"构件属性"—"另存为属性模板"命令,弹出"属性参数模板另存为"对话框(图 5-8)。

图 5-8　"属性参数模板另存为"对话框

属性模板一般用在源工程项目与目标工程项目之间的结构形式、所用定额相同的情况下,则源工程项目与目标工程项目所套用定额子目差不多,只存在构件名称与断面大小不同的情况。目标工程可以调用其他工程的属性参数模板,只需修改一下构件名称及断面大小即可,可节约用户大量的时间。

5. 常用构件编辑命令的讲解

① 构件名称替换 ✎:左键点击图标,除了更换构件的名称外,其他相应的属性也随之更改,比如构件所套的定额、计算规则、标高、混凝土等级等。左键选取要编辑属性的对象,被选中的构件变虚,可以选择单个,也可以选择多个。如果第一个构件选定以后,再框选所有图形,此时所选择到的构件与第一个构件是同类型的构件。同时,可以看状态栏的显示(图5-9)。

已选1个墙<-<-增加<按TAB键切换 (增加/移除)状态;按S键选择相同名称的构件>

图5-9 状态栏显示

a. 按键【Tab】:可由增加状态变为删除状态,在删除状态下,左键再次选取或框选已经被选中的构件,可以将此构件变为未被选中状态。再按键【Tab】,可由删除变回增加。

b. 按键【S】:先选中一个构件如"TWQ1",再框选图形中所有的门,则软件会自动选择所有的TWQ1,即选择同大类构件中同名称的小类构件。

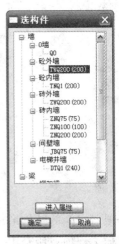

选择好要更名的构件后,回车键确认,软件系统会自动弹出"选构件"的对话框(图5-10)。

左键双击需要的构件的名称,如果没有的话,左键点击"进入属性"按钮,进入到"构件属性定义"界面,再增加新的构件即可。

注意:可以互换的构件有墙与梁、门与窗。

② 构件删除:左键点击 ✕ 图标,此命令主要是删除已经生成的构件。

图5-10 "选构件"
对话框

左键选取要删除的构件,一次能选取图

形中大类构件中的多个小类构件,回车结束。

注意:在使用该命令时,状态栏的作用与构件名称更换中状态栏的作用相同。使用CAD的删除命令删除构件可能会漏掉某些内容,因此请尽量使用本命令。

③ 构件名称复制:左键点击图标 ✍ ,即把一个构件改成另外一个同类构件。这个构件与另外一个构件的属性完全相同(包括调整后的高度)。

左键选取算量图形中的一个构件作为参考构件(或称原始构件)。

左键选取要变成原始构件的其他同类构件。

单击右键确认结束,所选择到的构件将变为与原始构件相同的构件。

④ 个别构件高度调整:工程中经常有不同于层高的构件,使用 📟 "个别构件高度调整"命令,可以调整图形中单个构件的标高。先将"高度随属性一起调整"前的√去掉,执行"构件选择"按钮,选择需要调整的构件,按回车键确认,输入新的顶、底标高值,应用即可(图5-11)。

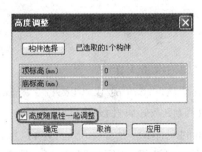

图 5-11　"高度随属性一起调整"选项

⑤ 本层三维显示:左键点击 📦 图标(图5-12),可以按需要选择本层三维显示的项目。

⑥ 区域三维显示:左键点击 📦 图标,根据提示在图形上直

图 5 - 12 "本层三维显示"对话框

接选取需要进行区域三维显示的构件;这样就可以有选择性地观察部分构件的三维图形,而不必查看本层其他无关构件,大大提高了三维显示的速度。

⑦ 三维动态观察:左键点击  图标,可以使用此命令从不同方向观察三维图形,使用户可以看到当前楼层所建模型的三维图形,并可依此三维图形检查图形绘制的准确性。当出现一个包住三维图形的圆,按住鼠标左键,可以自由旋转三维图形。

⑧ 全平面显示:左键点击 图标,用以取消本层三维显示或将算量平面图最大化显示,使用户可以恢复原来平面图的视角。注意:有时绘制图形时或调入 CAD 图纸时,可能会存在一个距离算量平面图很远的点,执行"全平面显示",算量平面图变得很小,一般沿着屏幕的四边寻找即可找到那个点,左键点选这个点,按键【Delete】,删除即可。

二、主体建模

1. 建模前应做的准备工作

① 浏览建筑和结构图:熟悉设计说明,了解混凝土等级、墙体类型等基础参数,以便做好属性设置。

② 找出图纸的规律:是否有标准层、是否存在对称或相同的区域等,对称位置可以镜像,相同的可以复制,避免重复建模。

③ 设置软件参数:比如自动保存时间、右键功能、捕捉点等(图 5 - 13)。

④ 工程自动保存时间的设置:选择 CAD 菜单栏中"工具"—"选项"—"打开和保存"页面,将"自动保存"输入框内的"保存间隔

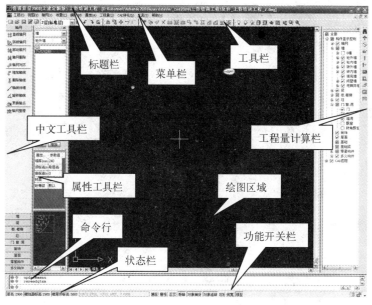

图 5 - 13　设置软件参数

分钟数"改为您需要的时间即可。

⑤ 鼠标右键操作习惯的设置：选择"用户系统配置"页面，点击"自定义右键单击"按钮（图 5 - 14），进行符合自己操作习惯的选择。完成后，选择"应用并关闭"按钮。

⑥ 捕捉点的设置：选择 CAD 菜单栏中"工具"—"草图设置"（图 5 - 15）。根据经验，工程图绘制过程中，最常用的是交点与端点，勾选这两点，单击"确定"。

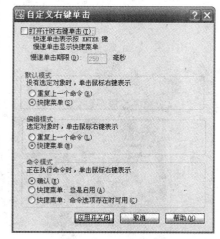

图 5 - 14　"自定义右键单击"对话框

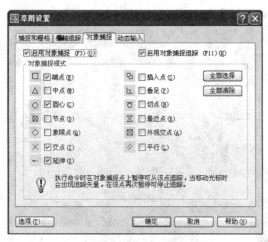

图 5 - 15 "草图设置"对话框

提示:按照图的设置项进行设置,可以减少操作过程中的一些步骤,提高绘图速度。

2. 轴网

若无 CAD 图,则采用软件建模时首先必须建立轴网,它的作用在于快速方便地对建模构件进行定位,以及在最终计算结果中显示构件位置。

由一层平面图建立轴网,在点取命令 建直线轴网 后,屏幕上出现"直线轴网"对话框(图 5 - 16)。

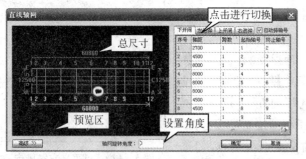

图 5 - 16 "直线轴网"设置界面(一)

注意：将"自动排轴号"前面的钩去掉，软件将不会自动排列轴号名称，此时可以任意定义轴号的名称。点取"直线轴网"左下方"高级"按钮(图5-17)，展开隐藏设置选项。执行"建直线轴网"命令。光标会自动落在下开间"轴距"上，按图纸输入下开间尺寸，输完一跨后，按回车键，软件会自动增加一行，光标仍落在"轴距"上，依次输入各开间尺寸。

　　[下开间]：2700—4500—8000—8000……

　　[左进深]：……

　　[上开间]：……

　　[右进深]：……

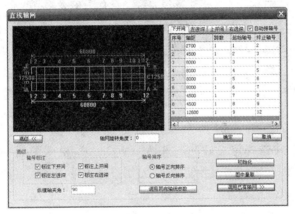

图5-17 "直线轴网"设置界面(二)

输入完成后，单击"确定"，在图形界面上确定轴网的位置。直接右键点击或者直接按回车键可以定位到"0，0，0"的位置(注意模型若离原点位置太远，会造成计算速度变慢)。

3. 墙

（1）定义墙体

软件中任何构件的定义均分三步走：定义名称，点击"套清单"套指定清单，套消耗量定额，输入墙体厚度和材料。

点击　，进入构件"属性定义"对话框。该工程墙体定义如下:砖外墙 200 mm,砖内墙 200 mm, 60 mm,墙体材料均为砖墙。
定义好后如图 5 - 18 所示。

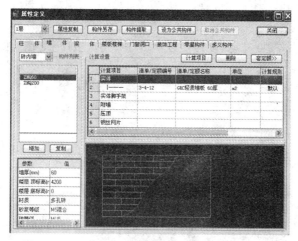

图 5 - 18　"属性定义"对话框

（2）布置墙体

① 方法一:单击中文工具栏中"连续布墙" [连续布墙] 命令,属性工具栏中选择定义好的砖外墙"ZWQ200",根据图纸中墙体位置,在绘图区域轴网上绘制墙体,绘制过程中可在属性工具栏中切换相应墙体（内外墙）。

② 方法二:单击中文工具栏中"轴网变墙" [轴网变墙] 命令,属性工具栏中选择定义好的砖外墙"ZWQ200",框选选中轴网,确定后,所有轴线均变为红色,按命令行提示,选择裁剪区域,连续选中图中不形成墙的线。选择好后,点击"确定",则所有未选中的地方均形成"ZWQ240"。将图中内墙部分用"构件名称更换"替换成定义好的砖内墙（选择墙体时选择墙体名称可快速选中该墙体）,注意区分厚度。

注意:

① 填充墙的灵活应用:软件中填充墙的功能非常强大,除自身功能外,还可以设定高度及厚度,计算分层墙;同时也可以不套

定额,当作洞口或壁龛来布置,计算工程量;另外在砖混结构中通常用来布置厨卫间、阳台止水坎(导墙)。

②快速封闭墙体中线:在软件中,按墙自动生成板、形成房间,都必须是在墙体中心线完全闭合形成封闭区域的情况下进行。在软件中,我们可以在构件显示控制中隐藏墙体外边线,利用CAD命令【延伸】(EX),对墙中线进行快速闭合,完成后,执行构件整理。

③"0墙"的使用:在构件属性表或属性工具栏中,总是存在一个墙体名称"Q0",它的厚度为5。不管你赋予它何种属性,"Q0"总被系统当作"虚墙"看待,即不参与工程量计算。"Q0"的作用是打断墙体、与其他墙体形成封闭空间以生成房间。

本楼层外墙存在偏移,布置的时候,在连续布墙的情况下右下角会弹出"输入左边宽度"的对话框(图5-19)。选择设置好左边宽度即可同时完成墙的偏移。

图5-19 "输入左边宽度"对话框

4. 门窗

(1) 定义门窗

点击，进入"构件属性定义"对话框,根据门窗表对门窗、洞口尺寸进行定义,完成后套用相应定额。

(2) 布置门窗

执行"布门"　布门　命令,属性工具栏里选择"M1",按命令行提示"选择加构件的墙",按照图选择要布置 M1 的墙体(可多选),选择完成后确定。按空格键,可以重复执行命令布置"M2"。窗的定义和布置同门。

(3) 过梁建模

① 定义过梁:门窗过梁(GL)表(梁长＝洞净宽 L_0＋500)(表5-1)。

表5-1　门窗过梁表

类型	设计编号	洞口尺寸(mm)
门	FM1421	1 400×2 100
	M0821	800×2 100
	M1221	1 200×2 100
窗	C0918	900×1 800
	C2422	2 400×2 200
转角窗	ZJC	(1 563+2 880)×1 500
	ZJC4022	(2 000+2 000)×1 500
墙洞	D1821	1 800×2 100

② 构件属性定义:构件命名;单击选择"随墙厚断面";调整"顶标高"及"砼等级";套用相应定额(图5-20)。

图5-20　过梁属性定义

③ 布置过梁:执行"布过梁" ⊟布过梁 命令,选择定义好的过梁,左键框选需布置过梁的门窗,右键单击"确认",完成过梁建模工作。

5. 柱

点击 📷,进入"构件属性定义"对话框,对该工程柱进行定义。点击布框架柱与构造柱;点击左边中文工具栏中命令图标。系统自动跳出一个"输入柱子转角"的对话框(图5-21),此处可以输入柱子的旋转角度(默认转角为0°,输入正值柱子逆时针旋转,输入负值柱子顺时针旋转)。例如输入"30",输入完成后可以直接在图中布置。

图5-21 "输入柱子转角"对话框

柱偏心设置如图5-22所示。以此为例,点击左边中文工具栏中 设置偏心 图标,在弹出的"输入偏心参数"对话框输入水平与垂直的偏心参数。

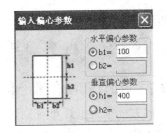

图5-22 "输入偏心参数"对话框

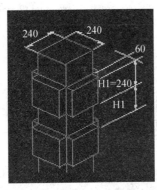

图5-23 构造柱

① 定义构造柱:进入构件属性定义,对构造柱进行定义,软件默认构造柱尺寸为240 mm×240 mm,在此我们无需更改,套用相应清单及消耗量定额(图5-23)。

② 布置构造柱:点击 墙交点布柱 命令,按图纸位置选择墙体交点,右键确定,完成墙拐角处构造柱布置;点击 点击布柱 命令,分别在墙长超过5 m的部位左键点击,柱子布置完成(图5-24)。

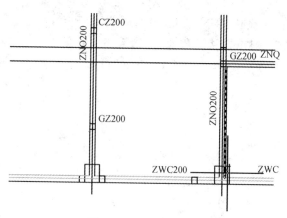

图 5‒24　布置构造柱

6. 梁

梁布置的方法和墙一样,首先到属性定义图标  里将梁类型定义好,根据梁平面尺寸设置梁名称和截面尺寸,然后绘制到软件平面图中。

7. 板

① 定义板:点击"构件属性按钮" ,按图纸说明定义板。楼板均为现浇,厚度为 120 mm,并给出板名称"XB120"。不同厚度的板要分别进行定义。

② 布置板:在属性工具栏里选择定义好的"XB120",点击中文菜单中的 命令,在弹出的生成方式中根据计算规则选择"内墙按中线,外墙按边线"(需先执行"形成墙体外边线"命令,指定墙体外边线)(图 5‒25)。

图 5‒25　"自动形成板选项"对话框

确认后,然后通过"构件名称更换" 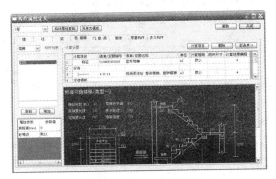 命令来更换不同板厚,板布置完成。

8. 楼梯

① 定义楼梯:软件中楼梯的定义同集水井一样,软件提供了常用的楼梯形式,只需按图录入相关参数即可。特殊楼梯,如直形三跑楼梯,我们可以采用直形双跑楼梯＋单跑楼梯进行组合,分别调整标其标高。楼梯图如图 5－26 所示。

图 5－26　楼梯属性定义

② 布置楼梯:执行 布楼梯 命令,属性工具栏中选择定义的相应楼梯,按住键盘上【CTRL】＋鼠标右键,设置好临时捕捉点后,左键点击楼梯插入位置即可,完成后如图 5－27 所示。

图 5－27　楼梯渲染图

三、装饰建模

主体构件建模完成后,装饰部分就显得非常简单了。在鲁班软件中提供了两种布置房间的方法:单房间装饰和区域房间装饰。位于房间的中部的框形符号为房间的装饰符号,向上三角符号表示天棚,向下三角符号表示楼地面。指向墙边线的空心三角符号表示墙面、踢脚、墙裙,位于内墙线的内侧。

图 5-28 是一张鲁班算量平面图的局部,图中除了墙、梁等与施工图中相同的构件以外,还有施工图中所没有的符号,我们用这些符号作为"区域型"构件的形象表示。几种符号分别代表房间、天棚、楼地面、现浇板、墙面装饰。写在线条、符号旁边的字符是它们所代表构件的属性名称。

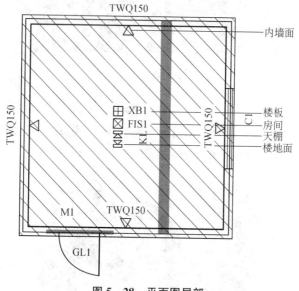

图 5-28 平面图局部

1. 装饰的定义

根据装饰说明将各装饰名称及规格定义到软件里面(表 5-2)。

表 5-2　各装饰名称及规格定义表

种类	名称	构造做法	适用处
外墙面	涂料面层	① 丙烯酸外墙面涂料两道 ② 5~8 mm 厚聚合物抗裂砂浆（压入两层耐碱玻纤网棉布） ③ 20 mm 厚胶粉聚苯颗粒保温浆料 ④ 界面剂砂浆 ⑤ 标准多孔黏土砖	
勒脚	水泥勒脚	20 mm 厚 1：2 水泥砂浆，分两次完成，高 450 mm	勒脚
	一般涂料面层	① 喷白涂料两道 ② 5 mm 厚 1：0.3：2.5 水泥石灰膏砂浆罩面压光 ③ 15 mm 厚 1：0.3：3 水泥石灰膏砂浆打底扫毛 ④ 标准多孔黏土砖	内墙面
内墙面	防水涂料面层	① 喷白涂料两道 ② 5 mm 厚 1：2.5 水泥砂浆罩面压光 ③ 1.5 mm 厚聚合物水泥浆复合防水材料 ④ 1：0.3：3 水泥石灰膏砂浆打底扫毛找坡 1% ⑤ 砖墙基层	办公室、楼梯间
踢脚	水泥踢脚线	20 mm 厚 1：2 水泥砂浆分两次抹光，高 150 mm	办公室、楼梯间

首先定义各房间（图 5-29）。

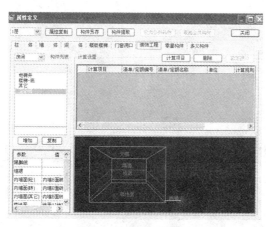

图 5-29　定义各房间

然后根据说明要求再到各个细部定义,如楼地面、天棚、内/外墙面、踢脚线、墙裙等(图5-30)。

图5-30 各细部定义

全部定义完后,接下来将这些装饰对应到房间中,首先从楼地面开始,选择一个楼地面(如"地面B砼"),然后点击旁边空白处,弹出"选择对应房间"对话框(图5-31)。

然后根据条件选择对应房间,点击 >> 将房间列入选中对应房间中,点击确定(图5-32)。

图5-31 "选择对应房间"对话框

图5-32 根据条件选择对应房间

2. 布置房间

（1）单个房间装饰命令

点击左边中文工具栏中  图标。

① 软件右下角弹出浮动对话框（图5-33），下拉选择楼地面、天棚的生成方式。

图 5-33　弹出的浮动对话框

② 命令行提示：请点击房间区域内一点，这时在需要布置装饰的房间区域内部点击任意一点，软件自动在该房间生成装饰。

③ 可连续布置多个房间，单击右键退出命令。

图 5-34　弹出的浮动对话框

（2）区域房间装饰命令

点 击 左 边 中 文 工 具 栏 中 区域房间装饰 图标。

① 软件右下角弹出浮动对话框（图5-34），下拉选择楼地面、天棚的生成方式。

② 命令行提示"请选择墙基线"，这时框选需要装饰的房间的墙基线（可同时框选多个房间的墙基线），右键单击"确定"，软件自动在选中的墙基线围成的封闭房间生成装饰。

（3）更换不同的房间符号

① 当我们使用区域形成房间装饰的时候，软件是批量生成的一种装饰，选择房间名称，使用构件名称替换可以替换成别的房间（图5-35），房间装饰就会变成我们替换的房间装饰，同时房间内的装饰也会和房间一起发生改变。

② 无装饰房间可执行 房间整体删除 命

图 5-35　"选构件"
对话框

令将其删除,或更换为空房间。

(4) 生成外墙装饰

房间装饰完成后,就可以执行命令,弹出"选构件名称"对话框,点击"进入属性"按钮,定义外墙体的装饰,方法与房间装饰中的属性定义相同。

定义完成,关闭"构件属性定义"对话框,在"选构件名称"对话框中选择外墙面、墙裙、踢脚线。使用"构件名称更换" 命令,对不同的外墙装饰给予更换。

注意:柱装饰同理,首先到属性定义里定义柱面装饰。然后直接框选需要布置柱面装饰的柱子就好了。

四、基础构件的布置

1. 布置独立基础

执行 布独立基 命令,出现三种布置方式选择框,选择其中一种。

选择图中相应的柱,可以选择一个柱,也可以选择多个柱(图5-36)。

注意:

① 图中选择柱:如果独基、承台上有柱,可以在图中选相关的柱。

图5-36 选择布置方式

② 输入柱名称:输入要布置的独基、承台上的柱的名称,软件会自动布置上独基、承台。

③ 选择插入点:如果要布置的独基、承台上没有柱,直接由相应的点来确定其位置。

2. 布置基础梁

执行 布基梁 命令,具体操作同布置基础。

3. 布置满堂基础

执行 布满堂基 命令,在弹出的对话框中选择"自动形成"。

注意：

① 自动形成：从墙体的中心线向外偏移一定距离后自动形成满堂基础。方法为：软件提示"请选择包围成满基的墙"时，按回车键确认；软件提示"满堂基础的向外偏移量〈120〉"时，输入数值，按回车键确认。

② 自由绘制：按照确定的堂基础各个边界点，依次绘制。方法：与布置板—自由绘制方法完全相同。

命令行输入"满堂基础的向外偏移量〈120〉：400"。

4. 布置砖基础

首先将某一楼层复制到 0 层，一般有墙体、轴网、柱即可。执行 布砖条基 命令，按左键选取布置砖基的墙的名称，也可以用左键框选，选中的墙体变虚，按回车键确认。砖基会自动布置在墙体上，再根据实际情况，使用"名称更换"命令更换不同的砖基。

5. 布置条形基础

在 0 层中，执行 布砼条基 命令，左键选取墙的名称，也可用左键框选选中的墙体变虚，按回车键确认。混凝土条形基础会自动布置在墙体上，再根据实际情况，使用"名称更换"命令更换不同的混凝土条形基础。混凝土条形基础的断面尺寸可以在"构件属性定义"中具体规定。

6. 按快速调整柱到基础的顶面标高

执行 柱随基础顶高 命令。选择要调整的柱（按【S】键可选同名的柱，【Tab】键切换增加移除状态）；再选择相关的基础，按回车键确定，柱子自动调整底面延伸至该基础顶面。

7. 集水井（图 5-37）

三维显示的集水井按照如下操作步骤（图 5-38）。

① 选择 布置井坑，按照图示尺寸布置井坑，可以采用异型自由绘制。

② 选择 形成井，点击形成井命令后，弹出如下对话框（图 5-39）。

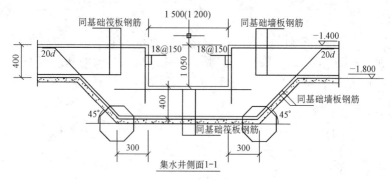

图 5-37 集水井

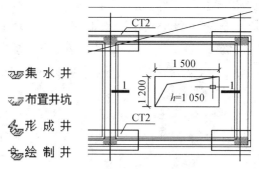

图 5-38 操作步骤图

图 5-39 "边坡设置"对话框

设置每边的外偏距离和坡度或坡度角(二选一设置),以及底标高。

8. 女儿墙的布置

女儿墙建议在新增加的楼层中布置。如果建筑物是一个层次错落的结构,女儿墙也最好再上一楼层设置。软件中没有专门的女儿墙构件,可以用混凝土墙体代替。

9. 布置屋面

本工程中为平屋面,所以布置方法同布板。

10. 屋面防水卷材

执行 屋面起卷 命令。选择设置起卷高度的对象,算量平面图形中只显示屋面,其余构件被隐藏。按左键选取要设置起卷高度的屋面,被选中屋面的边线变为红色。选择要设置起卷高度的边,按左键框选此屋面要起卷的边,可以多选,选好后按回车确认。输入起卷高度。继续执行该命令,直到不需要再设置屋面的边起卷,按回车结束命令。

五、工程量计算

利用鲁班软件对某小学的工程进行工程量计算。

1. 工程量计算

用左键单击右侧工具栏"工程量计算"命令按钮,弹出"综合计算设置"对话框(图5-40)。选择要计算的楼层、楼层中的构件及其具体项目。

"工程量计算"可以选择不同的楼层和不同的构件及项目进行计算,计算过程是自动进行的,计算耗时和进度在状态栏上可以显示出来,计算完成以后,会弹出"综合计算监视器"界面(图5-41)显示计算相关信息,退出后图形回复到初始状态。

技巧:同一层构件进行第二次计算时,软件只会重新计算第二次勾选计算的构件和项目,第二次不钩选计算的其他构件和项目计算结果不自动清空。比如第一次对1层的全部构件进行计算后,发现平面图中的有一根梁绘制错了,进行了修改,这时必须进

图 5 - 40　"综合计算设置"对话框

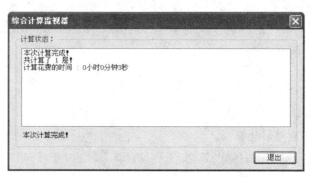

图 5 - 41　"综合计算监视器"对话框

行"构件整理",查看相关构件是否产生影响,再进行"工程量计算",但这时只需要选择 1 层的梁及与梁存在扣减关系的构件进行计算即可,不需对 1 层的全部构件进行计算。

2. 编辑其他项目

用左键点取▦图标,出现对话框(图 5 - 42)。

点击"增加"按钮,会增加一行。鼠标双击自定义所在的单元格,会出现一个下拉箭头,点击箭头会出现下拉菜单。可以选择其中的一项,软件会自动根据所绘制的图形计算出结果。

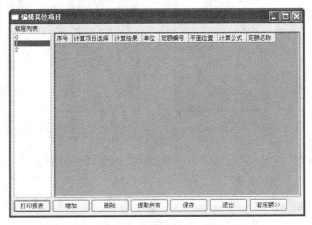

图 5-42 "编辑其他项目"对话框

① 场地面积:按该楼层的外墙外边线,每边各加 2 m 围成的面积计算或者按照建筑面积乘以 1.4 倍的系数计算。

② 土方、总基础回填土、总房心回填土、余土:在基础层适用,总挖土方量是依据图形以及属性定义所套定额的计算规则、附件参数汇总的。

a. 余土=总挖土方-总基础回填土-总房心回填土。

b. 总基础回填土=总挖土方-基础构件总体积-地下室埋没体积(地下室设计地坪以下体积)。

c. 总房心回填土=房间总面积×房心回填土厚度(会自动弹出房心回填土厚度对话框)。

d. 软件内设有地下室时无房心回填土。

外墙外边线长度、外墙中心长度、内墙中心长度、外墙窗的面积、外墙窗的周长、外墙门的面积、外墙门侧的长度、内墙窗的面积、内墙窗的周长、内墙门的面积、内墙门侧的长度、填充墙的周长、建筑面积,只计算出当前所在楼层平面图中的相应内容。

单击"计算公式"空白处,出现一个按钮,点击后光标由十字形变为方形,进入可在图中读取数据的状态,根据所选的图形,出现长度、面积或体积(图 5-43 和图 5-44)。

图 5-43　结果选择(一)

图 5-44　结果选择(二)

在"计算公式"空白处输入数据,按回车,计算结果软件会自动计算好。

点击"打印报表"按钮,会进入到"鲁班算量计算书"中。

点击"保存"按钮,会将此项保存在汇总表中,点击"退出"会关闭此对话框。

提示:选中一行或几行增加的内容,可以执行右键菜单的命令,有增加、插入、剪贴、复制、粘贴、删除六个命令。

套定额按钮,定额查套的对话框,参见属性定义——计算设置套定额的操作过程。

提示:"编辑其他项目"对话框为浮动状态,可以不关闭本对话框,而直接执行"切换楼层"命令,切换到其他楼层提取数据。

3. 查看本层建筑面积

左键点取  图标,用以查看本楼层的建筑面积(图 5-45)。

注意:未形成建筑面积线(不包括自由绘制的建筑面积线),直接查看本层建筑面积,软件会自动形成本层的建筑面积线(如无法形成建筑面积线,则会弹出如图 5-46 所示的提示)。

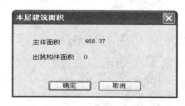

图 5-45　查看本层建筑面积

图 5-46　弹出"警告"对话框

左键点取工程量命令中的 ⚓ 图标,软件默认状态,出挑构件的建筑面积系数为 0.5。

① 左键选取图中需调整系数的出挑构件名称,可以多选,回车确认。

② 命令行提示"建筑面积的计算系数",直接在命令行中输入新的系数,回车确认。

4. 楼层复制

某一个楼层做好后,可以将其复制到其他楼层,再进行修改。楼层复制前最好保存一下文件。执行 ⚓ "楼层复制"命令,如果要将1层复制给2层,如果有的构件不需要复制,将构件前面的√去掉即可(图5-47)。

图5-47 "楼层复制"对话框

选择一下是否同时复制构件属性。一般情况下我们是要同时复制构件属性的(图5-48),解释如下。

(1)楼层复制必须注意的事项

为防止意外情况的出现,楼层复制前最好保存一下文件。楼层复制是将某一楼层的补选中的构件全部清空,这一过程是不可

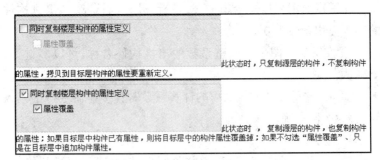

图 5 - 48   同时复制楼层构件的属性定义

逆的,因此执行该命令前要再次确认一下自己的操作是否正确。最好的方法就是保持经常备份文件的好习惯。

(2) 构件属性复制——定额、计算规则的复制

定义构件的属性时,可以先不用理会构件所套的定额及计算规则,先定义构件的几何尺寸,例如定义了 30 个梁,一次性套定额(图 5 - 49)。

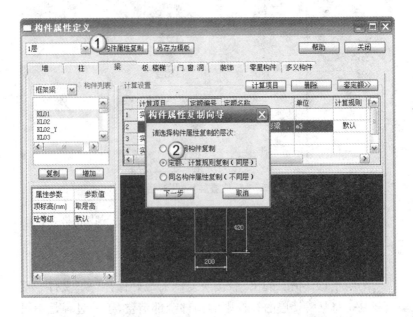

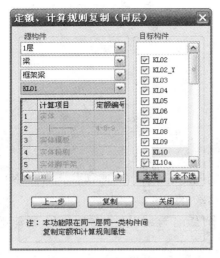

图 5 - 49 构件属性复制

参考文献

[1] 杨惠宁. 简明建筑工程预算速算手册[M]. 南京：江苏科学技术出版社，2008.

[2] 李康平，徐宏灵. 建筑工程概预算[M]. 天津：天津大学出版社，2012.

[3] 宋景智，郑俊耀. 建筑工程概预定额与工程量清单计价实例应用手册[M]. 北京：中国建筑工业出版社，2004.

[4] 汪照鼓. 建筑工程概预算[M]. 北京：电子工业出版社，2007.

[5] 梁红宁. 建筑工程造价工作手册[M]. 北京：化学工业出版社，2006.

[6] 刘俭. 实用建筑设备安装工程概预算手册[M]. 北京：中国建筑工业出版社，2004.

[7] 郭青娟. 建设工程定额及概预算[M]. 北京：清华大学出版社，北京交通大学，2004.

[8] 沈祥华. 建筑工程概预算[M]. 武汉：武汉理工大学出版社，2003.

[9] 郑君君，杨学英. 工程估价[M]. 武汉：武汉大学出版社，2004.

[10] 黄欣. 建筑工程工程量清单计价实用手册[M]. 合肥：安徽科学技术出版社，2005.

[11] 闫谨. 建筑工程计价[M]. 北京：地震出版社，2004.

[12] 中华人民共和国住建部. GB 50500—2013 建设工程工程量清单计价规范[S]. 北京：中国计划出版社，2013.

[13] 江苏省建设厅. 江苏省建筑与装饰工程计价表：上下册[M]. 北京：知识产权出版社，2004.

[14] 江苏省建设工程造价管理总站. 建筑与装饰工程技术与计价. 江苏：2005.

[15] 袁建新，迟晓明. 建筑工程预算与清单报价[M]. 北京：机械工业出版社，2009.

[16] 沈杰. 工程估价[M]. 南京：东南大学出版社，2005.

[17] 王晓薇，罗淑兰. 建筑工程预算[M]. 北京：人民交通出版社，2007.

[18] 姚斌. 建筑工程工程量清单计价实施指南[M]. 北京：中国电力出版社，2009.

[19] 张国栋. 建筑工程工程量清单计算实例答疑与评析[M]. 北京：中国建筑工业出版社，2009.

[20] 唐明怡，石志锋. 建筑工程定额与预算[M]. 北京：中国水利水电出版社，知识产权出版社，2005.

[21] 安淑兰. 建筑工程计量与计价[M]. 北京：高等教育出版社，2005.